Meine Kindheit

John Burroughs

Writat

Diese Ausgabe erschien im Jahr 2024

ISBN: 9789359940854

Herausgegeben von
Writat
E-Mail: info@writat.com

Inhalt

VORWORT

Zumindest am Anfang schrieb Vater diese Skizzen seiner Kindheit und seines frühen Lebens auf dem Bauernhof aus Selbstschutz: Ich hatte einen entschlossenen Versuch unternommen, sie niederzuschreiben, und als ich dies tat , betrat ich für ihn mehr oder weniger heiligen Boden, denn wie er mir einmal in einem Brief sagte: „Du wirst Heimweh haben; ich weiß genau, wie ich mich fühlte, als ich vor 43 Jahren von zu Hause wegging. Und seitdem habe ich mehr oder weniger Heimweh. Die Liebe zu den alten Hügeln und zu Vater und Mutter sitzt tief in den Grundfesten meines Wesens." Er liebte seinen Geburtsort innig und schätzte jede Erinnerung an seine Kindheit und seine Familie und an den alten Bauernhof hoch oben am Hang von Old Clump – „dem Berg, aus dessen Lenden ich entsprang" –, sodass er, als ich versuchte, über ihn zu schreiben , das Gefühl hatte, es sei an der Zeit, die Sache in die Hand zu nehmen. Die folgenden Seiten sind das Ergebnis.

JULIAN BURROUGHS.

MEINE KINDHEIT, VON JOHN BURROUGHS

Sie bitten mich, Ihnen einen Bericht über mein Leben zu geben – wie es mir ergangen ist, und jetzt, in meinem 76. Lebensjahr, bin ich in der Stimmung, dies zu tun. Sie wissen genug über mich, um zu wissen, dass es keine spannende Erzählung oder von großem historischen Wert sein wird. Es ist hauptsächlich das Leben eines Landmannes und eines eher unbekannten Literaten, der in der Tat in ereignisreichen Zeiten lebte, aber weitgehend getrennt von den Menschen und Ereignissen, die den letzten drei Vierteln eines Jahrhunderts ihren Charakter verliehen haben. Wie Zehntausende andere war ich eher Zuschauer als Teilnehmer der Aktivitäten – politisch, kommerziell, soziologisch, wissenschaftlich – der Zeit, in der ich lebte. Mein Leben verlief, wie Ihr eigenes, eher auf Nebenwegen als auf den großen öffentlichen Straßen. Ich habe nur wenige große Männer gekannt und habe an keinen großen öffentlichen Ereignissen teilgenommen – nicht einmal am Bürgerkrieg, den ich erlebt habe und an dem ich mich meiner Pflicht bewusst beteiligte. Ich bin ein Mensch, der Lärm und Streit, ja sogar fairen Wettbewerb meidet und der seine Tage gern durch eine ruhige, angenehme Beschäftigung „miteinander verbunden" sieht.

Die ersten siebzehn Jahre meines Lebens verbrachte ich auf der Farm, auf der ich geboren wurde (1837-1854); die nächsten zehn Jahre war ich Lehrer an ländlichen Bezirksschulen (1854-1864); dann war ich zehn Jahre lang Regierungsangestellter in Washington (1864-1873); dann kaufte ich im Sommer 1873, während ich als Bankprüfer und Bankverwalter der Nationalbank arbeitete, die kleine Obstfarm am Hudson, auf der Sie aufwuchsen und auf der ich seitdem lebe, und bebaute das Land für marktfähiges Obst und die Felder und Wälder für Naturliteratur, wie Sie wohl wissen. Ich bin ein paar Mal von meinen Wanderpfaden abgekommen und habe einige der großen Reisestraßen bereist – war zweimal in Europa und kam dabei nur bis Paris (1871 und 1882) – das erste Mal wurde ich von der Regierung mit drei anderen Männern nach London geschickt, um 50.000.000 Dollar in Schuldverschreibungen zur Rückzahlung zu überbringen; das zweite Mal reiste ich mit meiner Familie auf eigene Rechnung. Ich war im Sommer 1899 Mitglied der Harriman-Expedition nach Alaska und kam bis zur Plover Bay im äußersten Nordosten Sibiriens. Im Frühjahr 1903 begleitete ich Präsident Roosevelt auf einer Reise in den Yellowstone-Park. Im Winter und Frühjahr 1909 reiste ich mit zwei Freundinnen nach Kalifornien und verlängerte die Reise bis zu den Hawaii-Inseln. Im Juni kehrte ich nach Hause zurück. 1911 durchquerte ich erneut den Kontinent nach Kalifornien. Ich habe in Maine und Kanada gezeltet und bin gewandert und habe einen Teil des Winters auf den Bermudas und in Jamaika verbracht. Dies ist ein Überblick über meine Reisen. Ich habe nur wenige große Männer gekannt. Carlyle traf ich im November 1871 in London in Begleitung von Moncure Conway. Emerson traf ich dreimal – 1863 in West Point, 1871 in Baltimore und Washington, wo ich seine Vorlesungen hörte; und beim Holmes-Geburtstagsfrühstück 1879 in Boston. Walt Whitman kannte ich von 1863 bis zu seinem Tod 1892 sehr gut. Ich habe Lowell und Whittier getroffen, aber nicht Longfellow oder Bryant; ich habe Lincoln, Grant, Sherman, Early, Sumner, Garfield, Cleveland und andere namhafte Männer jener Tage gesehen. Ich hörte Tyndall 1870 oder 1871 in Washington seine Vorlesungen über Licht halten, verpasste aber Huxley während seines Besuchs hier. Ich speiste 1871 in London mit den Rossettis , war jedoch weder von ihnen beeindruckt noch sie von mir. Ich traf Matthew Arnold in New York und hörte seine Vorlesung über Emerson. Meine Bücher sind in gewisser Weise eine Aufzeichnung meines Lebens - des Teils davon, der in meinem Kopf zu Blühen und Früchten kam. Anhand dieser Bände könnte man meine Tage ziemlich gut rekonstruieren. Ein Schriftsteller, der seine literarische Ernte auf Feld und Wald einfährt, erntet hauptsächlich dort, wo er selbst gesät hat. Er ist ein Landwirt, dessen Ernte aus dem Samen seines eigenen Herzens entsprießt.

Ich habe ein glückliches Leben geführt; ich wurde unter einem guten Stern geboren. Es scheint, als hätten Wind und Gezeiten mir wohlgesonnen . Ich habe keine großen Verluste, Niederlagen, Krankheiten oder Unfälle erlitten und keine großen Kämpfe oder Entbehrungen durchgemacht; ich war nie mürrisch und habe die Erde nicht gewollt. Nachts bin ich Pessimist, aber tagsüber bin ich ein überzeugter Optimist, und es sind die Tage, die mein Leben geprägt haben. Ich habe diesen Planeten als eine gute Ecke des Universums zum Leben empfunden und habe es nicht eilig, ihn gegen eine andere einzutauschen. Ich hoffe, dass die Lebensfreude bei dir, mein lieber Junge, so groß sein wird wie bei mir und dass du das Leben so einfach führen kannst wie ich. Mit diesem Vorwort werde ich die ausführlichere Aufzeichnung beginnen.

Ich habe von meinem Glück gesprochen. Es begann damit, dass ich auf einem Bauernhof geboren wurde, von Eltern in der Blüte ihres Lebens und in bescheidenen Verhältnissen. Ich betrachte es auch als Glück, dass meine Geburt im April lag, einem Monat, in dem so viele andere Dinge ihr Leben beginnen. Vater hat wahrscheinlich um diese Zeit oder etwas früher den Zuckerbusch angezapft; der Blaukehlchen, das Rotkehlchen und die Singammer könnten an diesem Tag angekommen sein. Im Stall blökten die neuen Kälber und unter dem Schuppen die jungen Lämmer. Auf den Hügeln lagen erdbefleckte Schneewehen, und entlang der Steinmauern und durch die Wälder, die die Berge bedeckten, war die Schneedecke noch unversehrt. Die Felder waren im Allgemeinen kahl und der Frost wich vom Boden. Der

Stress des Winters war vorbei und die Wärme des Frühlings begann in der Luft zu spüren. Ich war in einen Haushalt mit fünf Kindern gekommen, zwei Mädchen und drei Jungen, das älteste zehn Jahre und das jüngste zwei. Eines war im Säuglingsalter gestorben, sodass ich das siebte Kind war. Meine Mutter war neunundzwanzig und mein Vater fünfunddreißig, ein mittelgroßer, rothaariger Mann mit Sommersprossen, der deutlich keltische oder walisische Wurzeln in seinem Blut zeigte, ebenso wie meine Mutter, die eine Kelly war und väterlicherseits irischer Abstammung. Ich war in eine Familie hineingeboren worden, die weder reich noch arm war, wie man das damals sah, sondern in eine Familie, die sich im Winter wie im Sommer der harten Arbeit widmete, um einen großen Bauernhof zu finanzieren und zu verbessern, in einem Land mit weiten, offenen Tälern und langen, breitkrempigen Hügeln und sanften Bergketten; geologisch sehr alt, aber in der Geschichte der Siedlung nur eine Generation vom Baumstumpf entfernt. Tatsächlich lagen die Baumstümpfe noch bis in meine Kindheit auf vielen Feldern herum, und eine meiner Aufgaben im trockenen Wetter des Frühlings war es, diese Stümpfe zu verbrennen – eine Beschäftigung, die mir immer Spaß machte, weil das Abenteuer die Arbeit verspielte. Das Klima war im Winter rau, das Quecksilber fiel oft auf minus 30 Grad, obwohl wir damals kein Thermometer hatten, um das zu messen, und die Sommer waren in einer Höhe von 600 Metern kühl und gesund. Der Boden war ziemlich gut, obwohl er mit dem geschichteten Gestein und den Steinen der Catskill-Formation belastet war, die die alte Eisdecke aufgebrochen, verlagert und herumtransportiert hatte. Etwa alle fünf oder sechs Morgen waren genug lose Steine und Felsen vorhanden, um eine Mauer mit Felssockel darum zu bauen, und es blieb immer noch genug im und auf dem Boden, um dem Pflüger und dem Mäher Sorgen zu bereiten. Alle Bauernhöfe in diesem Abschnitt, die in den Tälern liegen und sich über die breitrückigen Hügel wölben, sind schachbrettartig aus Steinmauern aufgebaut, und die rechtwinkligen Felder in ihren vielen Farben Grün und Braun und Gelb und Rot verleihen der Landschaft ein markantes kartenartiges Aussehen. Es werden gute Getreideernten wie Roggen, Hafer, Buchweizen und gelber Mais angebaut, aber Gras ist das natürlichste Produkt. Es ist ein Weideland und die Milchkühe gedeihen dort, und ihre Produkte sind die Haupteinnahmequelle der Bauernhöfe.

Ich war in ein Zuhause gekommen, in dem alles angenehm war; das Wasser und die Luft so gut wie auf der Welt und die Lebensbedingungen so beschaffen waren, dass sie sowohl Geist als auch Körper disziplinierten. Die Siedler in meinem Teil der Catskills stammten größtenteils aus Connecticut und Long Island und waren nach oder kurz vor dem Ende der Revolution hierhergekommen, und es gab eine gute Mischung schottischer Auswanderer.

Mein Urgroßvater, Ephraim Burroughs, kam mit seiner Familie von acht oder zehn Kindern aus der Nähe von Danbury, Connecticut, und ließ sich kurz nach der Revolution in der Stadt Stamford nieder. Er starb dort 1818. Mein Großvater, Eden, kam in die Stadt Roxbury, die damals zu Ulster County gehörte.

Ich war in ein Land gekommen, in dem Milch, wenn nicht Honig, floss. Der Ahornsirup könnte durchaus den Platz des Honigs einnehmen. Der Zuckerahorn war der dominierende Baum im Wald und der Ahornzucker das wichtigste Süßungsmittel der Familie. Ahorn-, Buchen- und Birkenholz hielten uns im Winter warm, und Kiefern- und Hemlocktannenholz aus Bäumen, die in den tieferen Tälern wuchsen, bildeten die Dächer und Wände der Häuser. Der Atem der Kühe vermischte sich schon früh mit meinem eigenen Atem. Soweit ich mich erinnern kann, war die Kuh der wichtigste Faktor auf dem Bauernhof und ihre Produkte die Haupteinnahmequelle der Familie; um sie drehten sich das Heumachen und die Ernte. Für sie schufteten wir von Anfang Juli bis Ende August, sammelten das Heu in die Scheunen oder auf die Stapel, mähten und harkten es mit der Hand. Das war die Zeit der Sense und des guten Mähers, der Wiege und des guten Wiegerers, der Mistgabel und des guten Krugs. Mit modernen landwirtschaftlichen Maschinen werden heute die gleichen Ernten mit weniger als der Hälfte des menschlichen Energieaufwands eingefahren, aber der Typ des Landwirts scheint sich in etwa im gleichen Maße verschlechtert zu haben. Die dritte Generation von Landwirten in meiner Heimatstadt ist wie der dritte Teeaufguss oder die dritte Maisernte, bei der keine Düngemittel verwendet wurden. Die großen, malerischen und ursprünglichen Persönlichkeiten, die die Farmen verbessert und finanziert haben, sind fast alle verschwunden, und ihre Nachkommen haben die Farmen verlassen oder sind eindeutig von minderwertigerer Art. Die Farmen halten mehr Vieh und bringen bessere Ernten ein, da viel importiertes Getreide verbraucht wird, aber die Familien sind geschrumpft oder ganz verschwunden, und der soziale und nachbarschaftliche Geist ist nicht mehr derselbe. Keine Schäl- oder Stepparbeiten , kein Apfelschneiden, keine Aufzucht oder „Bienenzucht" jeglicher Art mehr. Das Telefon und die kostenlose Zustellung auf dem Land sind gekommen, und das Auto und die Tageszeitung. Die Straßen sind besser, die Kommunikation schneller und die Häuser und Scheunen prächtiger , aber die Männer und Frauen und vor allem die Kinder sind nicht mehr da. Heute prägen und beherrschen die Städte das Land, aus dem sie die Menschen ausgerottet haben, und die ländlichen Gebiete verkommen zu einer verblassten Kopie des Stadtlebens.

Die Arbeit auf dem Bauernhof, bei der ich schon früh mit anpacken musste, drehte sich, wie gesagt, um die Milchkuh. Ihre Wege führten über die Felder und Wälder, ihre klangvolle Stimme erklang über die Hügel, ihr wohlriechender Atem wehte in jeder Brise. Sie war der Mittelpunkt unserer Industrie. Der Bauer richtete seine Bemühungen darauf, sie in gutem Zustand zu halten, im Sommer auf guten Weiden und im Winter gut untergebracht und gefüttert zu haben und die gesamte Molkerei auf höchstem Leistungsniveau zu halten. Es war eine anspruchsvolle Beschäftigung. Im Sommer begann der Tag mit dem Melken und endete mit dem Melken; und im Winter begann er mit dem Füttern und endete mit dem Füttern, und der größte Teil der Arbeit zwischen und während der beiden Jahreszeiten hatte direkt oder indirekt das Wohl der Herde zum Ziel. Die Kühe zu holen und im Sommer wegzuschicken, war normalerweise die Arbeit der jüngeren Jungen; sie im Winter aus dem Stall zu treiben und zurückzubringen, war normalerweise die Arbeit der älteren. Auch die Fütterung vom Feldhaufen im Winter fiel den älteren Familienmitgliedern zu.

Beim Melken halfen wir alle mit, als wir etwa zehn Jahre alt waren, wobei Mutter und meine Schwestern normalerweise ihren Teil beitrugen. Zuerst melkten wir die Kühe auf der Straße vor dem Haus, indem wir die Eimer mit der Milch auf das Mauerwerk stellten; später melkten wir sie in einem Hof im Obstgarten hinter dem Haus, und in den letzten Jahren wird das Melken im Stall durchgeführt. Mutter sagte, als sie zum ersten Mal auf die Farm kamen und eines Abends auf der Straße saß und eine Kuh melkte, sah sie ein großes schwarzes Tier aus dem Wald kommen, wo jetzt die Kleewiese ist, die Straße überqueren und im Wald auf der anderen Seite verschwinden. Bären rissen damals manchmal die Schweine der Bauern davon und drangen dabei dreist in die Pferche ein. Mein Vater hielt etwa dreißig Kühe der Rasse Durham; heute besteht die Milchviehherde aus Jersey- oder Holstein-Rindern. Damals war das Produkt, das auf den Markt kam, Butter, heute ist es Milch. Damals wurde die Butter noch auf dem Bauernhof von der Bäuerin oder einem Dienstmädchen hergestellt, heute wird sie von Männern in der Molkerei hergestellt. Meine Mutter hat fast vierzig Jahre lang den Großteil der Butter hergestellt und in dieser Zeit Tausende von Kübeln und Fässern vollgepackt. Die Milch wurde in Blechtöpfen auf einem Gestell im Milchhaus aufgestellt, damit die Sahne aufgehen konnte, und sobald die Milch gerann, wurde sie abgeschöpft.

Bei warmem Wetter begann Mutter gegen drei Uhr nachmittags, die Milch abzuschöpfen, und trug sie Pfanne für Pfanne zum großen Sahnetopf, wo mit einer schnellen Bewegung eines Messers die Sahne von den Seiten des Topfes getrennt wurde, der Topf auf den Rand des Sahnetopfes gekippt wurde und die dicke Sahneschicht in Falten oder Flocken in den Behälter rutschte und die dicke Milch in Eimer entleerte, um sie zum Abflussfass für die Schweine zu tragen. Ich half Mutter manchmal, indem ich ihr die Milchtöpfe vom Gestell reichte und die Eimer leerte. Dann kam das

Waschen der Töpfe am Trog, wobei ich ihr auch oft half, indem ich die Töpfe zum Trocknen und Sonnen auf die große Bank stellte. Reihen von Blechtöpfen zum Trocknen waren damals immer ein auffälliges Merkmal von Bauernhäusern, ebenso wie die Buttermaschine, die an das Milchhaus angeschlossen war, und das Geräusch des Rades, das vom „alten Buttermacher" angetrieben wurde – entweder einem großen Hund oder einem Hammel . Jeden Sommermorgen um acht Uhr wurde das alte Schaf oder der alte Hund gebracht und an das große Rad gebunden, um seine Aufgabe zu erfüllen. Schafe waren normalerweise noch unwilligere Buttermacher als Hunde. Sie entwickelten selten ein Pflichtgefühl oder Gehorsam wie ein Hund. Dieses endlose Gehen und Nirgendwohinkommen rief sehr bald heftige Proteste hervor. Der Buttermacher zog sich zurück, stemmte sich fest, würgte und stoppte die Maschine: Ein Buttermacher warf sich herunter und wurde erstickt, bevor er entdeckt wurde. Ich erinnere mich, wie der alte Bock aus der Zeit der Flachsspinnerei, an ein Brett gebunden, hinter dem alten Buttermacher Dienst tat und ihn mit seinen zwanzig oder mehr scharfen Zähnen anspornte, als er sich zurücklehnte, um die Maschine anzuhalten. „Lauf und mach das alte Schaf an", war ein Befehl, den wir danach seltener hörten. Er konnte dem Druck dieser Phalanx scharfer Spitzen auf seinem breiten Hinterteil nicht lange standhalten.

Der Butterhund war weniger stur und widerspenstig, aber er versteckte sich manchmal, wenn die Stunde des Butterns nahte, und wir mussten uns beeilen, ihn zu finden. Aber wir hatten einen Hund, dem die Aufgabe offenbar Spaß machte und der auf Kommando schnell zum Butterrad ging und seine Aufgabe erledigte, ohne angebunden zu werden. Wenn weder Hund noch Schaf da waren, habe ich ein paar Mal ihren Platz am Butterrad eingenommen. Im Winter und im frühen Frühling gab es weniger Sahne zu buttern, und wir machten es mit der Hand, indem wir zu zweit das Rührwerk hochhoben. Das war selbst für große Jungs schwere Arbeit, und wenn die Butter nicht wollte und manchmal erst nach einer Stunde kam, war die Aufgabe eine echte Herausforderung für uns. Manchmal ließ sie sich nicht gut sammeln, nachdem sie gekommen war, und dann war ein geschickter Umgang mit dem Rührwerk erforderlich.

Ich konnte es nie satthaben, zuzusehen, wie Mutter die großen Mengen goldener Butter mit ihrer Schöpfkelle aus der Buttermaschine hob und sie in der großen Butterschüssel aufhäufte, wobei die Tropfen der Buttermilch darauf standen, als würden sie von der Tortur, die sie durchgemacht hatten, schwitzen. Dann das Bearbeiten und Waschen, um sie von der Milch zu lösen, und das abschließende Verpacken in Bottiche oder Fässer, der frische Duft in der Luft – was für ein Bild das war! Wie viel Tugend des Bauernhofs floss jedes Jahr in diese Fässer! Buchstäblich die Crème des Landes. Ah, die Alchemie des Lebens, die in der Biene ein Produkt dieser wilden, rauen

Felder in Honig verwandeln kann und in der Kuh ein anderes Produkt in Milch!

Die Frühlingsbutter wurde in 50-Pfund-Kübel abgefüllt, um so schnell wie möglich auf den Markt gebracht zu werden. Erst im Mai, als die Kühe auf die Weide getrieben wurden, begann man mit dem Abfüllen in 100-Pfund-Fässer, die bis November aufbewahrt werden sollten. Bis dahin 40 Fässer herzustellen und sie für 18 oder 20 Cent pro Pfund zu verkaufen, galt als sehr zufriedenstellend. Dann im Sommer und Herbst 40 oder 50 Fässer herzustellen und dafür einen ebenso guten Preis zu erzielen, erfreute das Herz des Bauern. Als Vater 1827 zum ersten Mal auf den Hof kam, brachte Butter nur 12 oder 14 Cent pro Pfund ein, aber der Preis stieg stetig, bis sie zu meiner Zeit für 17 bis 18,5 Cent verkauft wurde. Die Fässerbutter wurde normalerweise an einen örtlichen Butterkäufer namens Dowie verkauft. Er erschien normalerweise im frühen Herbst, immer zu Pferd, nachdem er Vater im Voraus benachrichtigt hatte. Am Frühstückstisch sagte Vater immer: „Dowie kommt heute, um die Butter zu probieren."

„Ich hoffe, er probiert nicht das Fässchen, das ich in dieser heißen Juliwoche gepackt habe", würde Mutter sagen. Aber sehr wahrscheinlich war es das eine unter den anderen, nach denen er fragen würde. Sein langer, halbrunder Buttertester aus Stahl wurde in die Mitte des Fässchens bis zum Boden gestoßen, ein oder zwei Mal gedreht und dann wieder herausgezogen, wobei die sich verjüngende Öffnung mit einer Probe von jedem Zentimeter Butter im Fässchen gefüllt wurde. Dowie ließ sie schnell unter seiner Nase hin und her gleiten , vielleicht kostete er sie manchmal, dann schob er den Tester wieder in das Loch und zog ihn wieder heraus, wobei er den Butterkern dort ließ, wo er ihn gefunden hatte. Wenn ihm die Butter zusagte, und das tat sie selten nicht, machte er sein Angebot und ritt zur nächsten Molkerei.

Die Butter musste immer zu einem vereinbarten Termin am Hudson River in Catskill abgeliefert werden. Dies geschah normalerweise im November. Es war das Ereignis des Herbstes: zwei Ladungen Butter mit jeweils zwanzig oder mehr Fässern, die fünfzig Meilen weit in einem Holzwagen transportiert werden mussten, wobei jede Hin- und Rückfahrt etwa vier Tage dauerte. Die Fässer mussten geköpft und fertig gemacht werden. Diese Aufgabe fiel zu meiner Zeit normalerweise Hiram zu. Er begann am Tag vor Vaters Abreise und hatte eine Ladung geköpft und rechtzeitig in den Wagen geladen, mit Stroh zwischen den Fässern, damit sie nicht scheuerten. Wie oft habe ich gehört, wie diese Ladungen morgens vor Tagesanbruch über den gefrorenen Boden losfuhren! Manchmal holperte der Wagen eines Nachbarn langsam vorbei, kurz nachdem oder kurz bevor Vater aufgebrochen war, aber mit demselben Auftrag. Vater nahm normalerweise einen Sack Hafer für seine Pferde und eine Kiste mit Lebensmitteln für sich selbst mit, um alle unnötigen Ausgaben zu vermeiden. Die erste Nacht verbrachte er normalerweise in Steel's Tavern in Greene County, auf halbem Weg nach Catskill. Am nächsten Nachmittag war er am Ende seiner Reise und wurde nachts am Dampfschiffkai ausgeladen. Seine Lebensmittel und anderen Einkäufe waren erledigt und er war bereit, am nächsten Morgen früh nach Hause aufzubrechen. In der vierten Nacht hielten wir Ausschau nach seiner Rückkehr. Mutter saß da und nähte im Licht ihres Talgbads, ein Ohr zur Straße gerichtet. Normalerweise hörte sie als Erste das Geräusch seines Wagens. „Da kommt dein Vater", sagte sie, und Hiram oder Wilson holten schnell die alte Blechlaterne, zündeten sie an und standen auf dem Mauerwerk bereit, um ihn zu empfangen und beim Ausfahren des Gespanns zu helfen. Bis er im Haus war, stand sein Abendessen auf dem Tisch – ein kalter Schweineeintopf, wie ich mich erinnere, erfreute ihn bei solchen Gelegenheiten, und eine Tasse grüner Tee. Nach dem Abendessen gab es seine Pfeife und die Geschichte seiner Reise, dazu eine Liste der Familieneinkäufe, und dann ging es ins Bett. In ein paar Tagen war die zweite Reise angesagt. Als seine Jungs alt genug waren , nahm er jeden von ihnen nacheinander mit nach Catskill. Es war ein großes Ereignis im Leben eines jeden von uns. Als ich an die Reihe kam , war ich wahrscheinlich elf oder zwölf Jahre alt, und das bevorstehende Ereignis zeichnete sich an meinem Horizont ab. Ich sollte tatsächlich mein erstes Dampfschiff sehen, den Hudson River und vielleicht auch die Dampfwagen. Mehrere Tage im Voraus jagte ich im Wald nach Wild, um die Proviantkiste zu füllen und die Kosten niedrig zu halten. Ich erlegte mein erstes Rebhuhn und wahrscheinlich ein oder zwei wilde Tauben und Grauhörnchen. Hoch oben auf dem Sprungbrett neben Vater, meine Füße berührten kaum die Oberseite der Fässer, machte ich mit einer Geschwindigkeit von etwa zwei Meilen pro Stunde über holprige Straßen bei kaltem Novemberwetter meine erste größere Reise in die Welt. Ich überquerte die Catskill Mountains und hatte von oben diesen überraschenden Panoramablick auf das Land dahinter. In Cairo, wo wir anscheinend die zweite Nacht verbrachten, blamierte ich mich am Morgen, als Vater mich, nachdem er mich vor einigen Umstehenden gelobt hatte, aufforderte, in den Wagen zu steigen und die Ladung auf die Straße zu fahren. Bei meinem aufrichtigen Bemühen, dies zu tun, prallte ich gegen eine Seite der großen Tür und hätte beinahe Dinge zertrümmert. Vater war gedemütigt und ich war zutiefst beschämt.

Die Wunder der Catskill Mountains beeindruckten mich gebührend, aber eine meiner lebhaftesten Erinnerungen ist eine verbale Auseinandersetzung zwischen Vater und dem alten Dowie auf dem Dampfschiff. Letzterer hatte die Richtigkeit des Gewichts des leeren Fasses angezweifelt, das als Tara vom Gesamtgewicht abgezogen werden sollte. Es folgten hitzige Worte. Vater sagte: „Zieh es aus, zieh es aus." Dowie sagte: „Das werde ich", und im nächsten Moment stand das leere Fässchen mit Butter auf der Waage, aus dem Salzwassertropfen schwitzten. Wer gewonnen hatte, weiß ich nicht. Ich erinnere mich nur, dass bald Frieden herrschte und Dowie weiterhin unsere Butter kaufte.

Ein weiterer Vorfall dieser Reise ist mir noch immer im Gedächtnis. Ich ging gerade in der Abenddämmerung eine Straße entlang, als ich eine Rinderherde kommen sah. Als der Viehtreiber mich sah, rief er: „Hier, Junge, treib die Kühe die Straße hinauf!" Das war mein Metier, ich war mit Kühen vertraut und trieb die Herde in großem Stil hinauf. Als der Mann vorbeikam , sagte er: „Gut gemacht" und drückte mir sechs große Kupfercentstücke in die Hand. Nie zuvor wurde meine Handfläche unerwarteter und angenehmer gekitzelt. Ich kann es noch immer spüren!

Zu einem früheren Zeitpunkt als dem Unfall in dem alten Schulhaus aus Stein hatten mein Kopf und auch mein Körper einige schwere Prellungen erlitten. An einem Sommertag, als ich nicht älter als drei Jahre gewesen sein kann, spielten meine Schwester Jane und ich in der großen Dachkammer und amüsierten uns, indem wir uns quer über das Essigfass legten und es mit unseren Füßen durch den Raum schoben. Wir kamen an die Spitze der steilen Treppe, die an der Kammertür endete, einen Fuß oder mehr über dem Küchenboden, und ich nehme an, wir dachten, es wäre lustig, die Treppe auf dem Fass hinaufzusteigen. Am Rande dieser Treppe wird meine Erinnerung leer und als ich mich wiederfinde, liege ich auf dem Bett im „Hinterschlafzimmer" und der Gestank von Kampfer ist im Raum. Wie es Jane ergangen ist, weiß ich nicht mehr; die Verletzung war wahrscheinlich bei keinem von uns ernst, aber man kann sich leicht vorstellen, wie die arme Mutter erschrocken sein muss, als sie diesen Lärm auf der Treppe hörte und die Kammertür plötzlich aufsprang und zwei ihrer Kinder, vermischt mit dem Essigfass, auf den Küchenboden fielen. Jane war über zwei Jahre älter als ich und hätte es besser wissen müssen.

Eindrücke, die man nicht vergisst. Ich erinnere mich an einen Unfall, der sehr schlimm hätte werden können, wenn ich nicht das übliche Glück gehabt hätte, das ich hatte, als ich ein paar Jahre älter war. An einem Herbsttag war ich mit meinen älteren Brüdern auf dem Maisfeld, wo sie mit dem Holzwagen Kürbisse gesammelt hatten. Als sie ihre Ladung hatten und losfahren wollten, setzte ich mich über der Hinterachse auf die Ladung und ließ meine Beine zwischen den Speichen des großen Rades herunterhängen. Glücklicherweise bemerkte einer meiner Brüder meine gefährliche Lage, als das Gespann gerade losfahren wollte, und rettete mich rechtzeitig. Zweifellos wären meine Beine im nächsten Moment gebrochen und vielleicht auch sehr schwer gequetscht worden. Aber dieses Glück scheint mir immer gefolgt zu sein. Als ich mich an einem Wintermorgen im Haus eines Schulkameraden, mit dem ich die Nacht verbracht hatte, neben dem Küchenherd bückte, um einen meiner Stiefel anzuziehen, kam mein Gesicht in engen Kontakt mit dem Ausguss des kochenden Teekessels. Der kochend heiße Dampf verfehlte mein Auge nur knapp und bildete einen Fingerbreit darüber Blasen auf meiner Stirn. Ich glaube, mein Leben hätte ganz anders ausgesehen, wenn mir ein Auge weggefallen wäre. Ein anderes Mal ging ich eine der Marktstraßen von New York entlang, als durch die Unachtsamkeit eines Arbeiters ein schwerer Heuballen aus zehn oder zwölf Metern Höhe herunterfiel und vor meinen Füßen auf dem Bürgersteig aufschlug. Ich hörte jemanden über mir wütend über das Missgeschick reden, aber ich sagte mir nur: „Wieder Glück gehabt!" Ich erinnere mich an ein Glück anderer Art, als ich Finanzbeamter in Washington war. Ich war mit einem kleinen Bündel neuer Dollarscheine in der Tasche für eine Woche Urlaub an die Küste aufgebrochen. Kurz nachdem der Zug den Bahnhof verlassen hatte, verließ ich meinen Sitz und ging durch zwei oder drei der vorderen Waggons, um nach einem Freund zu suchen, der sich bereit erklärt hatte, mich zu begleiten. Da ich ihn nicht fand, ging ich denselben Weg zurück, und als ich durch den Waggon neben meinem ging, sah ich zufällig ein Bündel neuer Geldscheine auf dem Boden am Ende eines Sitzes. Ich tastete instinktiv nach meinem eigenen Bündel Geldscheine, stellte fest, dass es fehlte, nahm das Geld und sah auf den ersten Blick, dass es mir gehörte. Die Passagiere in der Nähe beäugten mich überrascht und begannen vermutlich, in ihren eigenen Taschen herumzutasten, aber ich blieb nicht stehen, um es zu erklären, sondern ging erschrocken, aber glücklich zu meinem Platz. Ich hatte meinen Freund vermisst, aber vielleicht hatte ich gerade in diesem Moment auch etwas von größerem Wert für mich übersehen.

Manchen Menschen scheint eine Art ungünstiges Schicksal innezuwohnen, das sie zu Opfern allen Unglücks auf der Straße macht. Ich hatte dieses Schicksal nicht. Ich hatte auf der Straße alles Glück. Ein freundlicher Einfluss hat meine besten Freunde zu mir geschickt oder mich zu ihnen. Das Beste an mir ist, dass ich ein beständiges Interesse an den allgemeinen, universellen Dingen entwickelt habe, die alle gleichermaßen haben können, und dass ich daher überall, wo ich war, viel gefunden habe, das mich beschäftigt und fesselt. Wenn einem die Erde und der Himmel genügen, warum sollte man dann nach anderen Sphären sehen?

Der alte Bauernhof muss mindestens zehn Meilen Steinmauern gehabt haben, viele davon hatte Vater aus Steinen, die er auf den Feldern aufgesammelt hatte, neu gebaut, und viele davon hatte er selbst oder vielmehr seine Söhne und angestellten Männer wieder verlegt . Vater war in keiner Art von Handwerksarbeit geschickt . Er war ein guter Pflüger, ein guter Mäher und Wiegenbauer, hervorragend mit einem Ochsengespann, das Steine zog, und gut in den meisten allgemeinen landwirtschaftlichen Arbeiten, aber kein Meister im Bauen. Hiram war das mechanische Genie der Familie. Er war ein guter Mauerwerker und geschickt im Umgang mit Schneidwerkzeugen. Es fiel ihm zu, die Schlitten, die Steinboote, die

Heuausrüstung, die Axtstöcke, die Dreschflegel herzustellen, die Wiegen und Rechen zu reparieren, die Heuhaufen zu bauen, und einmal, so erinnere ich mich, baute er die Buttermaschine um. Er war langsam, aber er hielt sich genau an die Linie. Vor und während meiner Zeit auf der Farm rechnete Vater damit, jedes Jahr vierzig oder fünfzig Reihen Steinmauer zu bauen, normalerweise im Frühjahr und Frühsommer. Dies waren die einzigen Gedicht- und Prosazeilen, die Vater schrieb. Sie sind in der Landschaft noch immer gut lesbar und können nicht so leicht daraus gelöscht werden. Aus dem Durcheinander der Natur zusammengetragen, aus Fragmenten des alten devonischen Gesteins und Schiefers aufgebaut, unter Berücksichtigung der Abnutzung durch die Zeit verlegt, mit gutem Boden und guter Kappe versehen, Grenzen festlegend und Besitz definierend usw., bieten diese Reihen Steinmauern eine gute Lektion in vielen Dingen außer dem Mauerbau. Sie sind gute Literatur und gute Philosophie. Sie riechen nach Erde, sie haben Lokalkolorit , sie sind ein Stück Chaos, das in Ordnung gebracht wurde. Wenn man mit der Natur umgeht, lohnt sich nur ein ehrlicher Umgang . Wie sie nach den verwundbaren Punkten in Ihrer Struktur sucht, nach den schwachen Stellen in Ihrem Fundament, dem fehlerhaften Material in Ihrem Gebäude!

Die Steinmauer des Bauern steht, wenn sie gut gebaut ist, ungefähr so lange wie er selbst. Wenn er damit anfängt, beginnt sie zu schwanken und baufällig auszusehen. Aber sie kann neu verlegt werden, und er kann es nicht. Eines Tages ging ich am Straßenrand vorbei, um mit einem alten Mann zu sprechen, der gerade eine Mauer erneuerte. „Ich habe diese Mauer vor fünfzig Jahren errichtet", sagte er. „Wenn sie wieder errichtet wird, habe ich den Auftrag nicht mehr." Er stand schon länger als seine Mauer.

Eine Steinmauer ist der Freund aller wilden Tiere. Sie ist eine sichere Kommunikationslinie mit allen Teilen der Landschaft. Was machen die Streifenhörnchen, Eichhörnchen und Wiesel in einem Land ohne Steinmauern? Auch die Waldmurmeltiere, Waschbären und Füchse nutzen sie.

Als Bauernjunge war es meine Pflicht, beim Aufheben der Steine und beim Heraushebeln der Felsen zu helfen. Ich konnte den Köder unter den Hebel legen, auch wenn mein Gewicht darauf nicht viel zählte. Die langsamen, geduldigen, stämmigen Ochsen, wie sie ihre Schwänze knickten, ihre Rücken buckelten und ihr Gewicht in den Bug warfen, wenn sie einen schweren Felsen hinter sich spürten und Vater seine Stimme erhob und auf den „Gad" legte! Es war ein gutes Motiv für ein Bild, das, glaube ich, noch kein Künstler gemalt hat. Wie viele Felsen wir aus ihren Betten geholt haben, in denen sie geschlafen hatten, seit die große Eisdecke sie dort oben versteckt hatte, vielleicht vor hunderttausend Jahren – wie verwundet und zerrissen die Wiese oder Weide aussah, als ob sie an zwanzig Stellen blutete, als die Arbeit getan war! Aber die weitere Operation mit Pflug und Egge, gefolgt von der heilenden Wirkung der Jahreszeiten, machte alles bald wieder ganz.

Die Arbeit auf dem Bauernhof variierte damals von Jahr zu Jahr kaum. Im Winter war die Zeit mit der Versorgung des Viehs, dem Holzfällen und dem Dreschen von Hafer und Roggen beschäftigt. Von unserem zehnten oder zwölften Lebensjahr bis wir erwachsen waren, gingen wir nur im Winter zur Schule, erledigten die Arbeiten morgens und abends und gingen jeden zweiten Samstag, der ein Feiertag war, allgemeinen Arbeiten nach. Meine älteren Brüder mussten oft schon um drei die Schule verlassen, um nach Hause zu kommen und während der Abwesenheit meines Vaters die Kühe zu versorgen. Wie kommen mir diese Schultage in den Sinn! Der lange Marsch über Grundstücke, durch schneebedeckte Felder und Wälder, unser schmaler Pfad, der so oft von frischem Schneefall verschwunden war; der schneidende Wind, die bittere Kälte, der Schnee, der unter unseren gefrorenen Kuhlederstiefeln quietschte, die Hosenbeine, die oft mit Schlepptauen festgebunden waren, damit der Schnee sie nicht über unsere Stiefelschäfte drückte; die weite weiße Landschaft mit den schwachen schwarzen Linien der Steinmauern, als wir den Wald hinter uns gelassen hatten und ins West Settlement Valley hinabstiegen; die Smith-, Bouton- und Dart-Jungs in der Ferne, die auf ihrem Weg zur Schule durch die Felder liefen, ihre Umrisse in die weißen Hügel eingraviert, einer der größeren Jungen, Ria Bouton, die viele Aufgaben zu erledigen hatte und Morgen für Morgen die ganze Strecke rannte, um nicht zu spät zu kommen; das rote Schulhaus in der Ferne am Straßenrand mit dem dunklen Fleck in der Mitte , der von der offenen Eingangstür stammte; der Bach im Tal, oft von Ankereis verstopft, den unser Weg kreuzte und in den ich eines Morgens hineinfiel, als ich das Schulhaus erreichte, meine Kleider waren an mir festgefroren und das Wasser gurgelte in meinen Stiefeln; die Jungen und Mädchen dort, unter ihnen Jay Gould, von denen zwei Drittel inzwischen tot sind und die Lebenden vom Hudson bis zum Pazifik verstreut sind; die Lehrer sind jetzt alle tot; das Lernen, die Spiele, das Ringen , der Baseball — all diese Dinge und mehr ziehen an mir vorüber, wenn ich mich an diese längst vergangenen Tage erinnere. Vor zwei Jahren suchte ich in Kalifornien eine dieser Schulkameradinnen auf, die ich seit über sechzig Jahren nicht mehr gesehen hatte. Sie war sieben oder acht Jahre älter als ich, und ich hatte die Erinnerung eines Jungen an ihr frisches, süßes Gesicht, ihre freundlichen Augen und ihre sanften Manieren. Ich wurde von einer 82-jährigen Frau begrüßt, die nur noch trübe sehen und hören konnte, aber ich erkannte sofort einige Spuren des Charmes und der Süße meiner älteren Schulkameradin von vor so langer Zeit. Kein Schatten lag auf ihrem Geist oder ihrer Erinnerung, und eine Stunde lang lebten wir wieder unter alten Leuten und in alten Szenen.

Wie viele Schüler, viele davon junge Männer und Frauen, gab es in jenen Wintern, täglich 35 oder 40! In den letzten Jahren sind es nie mehr als fünf oder sechs. Die Bevölkerungsquellen versiegen schneller als unsere Ströme. Von diesem großzügigen Raum voller junger Leute wurden viele Bauern, einige wenige Geschäftsleute, drei oder vier wurden Akademiker und nur einer, soweit ich weiß, begann zu literarisch; und er war, nach seinem Umfeld und seiner Vergangenheit beurteilt, der Letzte, den man für eine solche Karriere ausgewählt hätte. Man hätte in Jay Goulds jüdischem Aussehen, seiner glänzenden Gelehrsamkeit und seinem stolzen Benehmen vielleicht ein Versprechen auf eine ungewöhnliche Karriere gesehen; aber was deutete in dem Jungen seines Alters, mit dem er so gern rangelte und den er abends mit nach Hause nahm, den er aber nie wieder besuchte, auf die Zukunft hin? Sicherlich nicht viel, soweit ich jetzt herausfinden kann. Jay Gould, der zu einer Art Napoleon der Finanzwelt wurde, zeigte schon früh ein Talent für das große Geschäft und die Macht, mit Menschen umzugehen. Er hatte viele charakteristische Züge, die sogar in seinem Gang zum Ausdruck kamen. Eines Tages in New York, mehr als zwanzig Jahre nachdem ich ihn als Jungen gekannt hatte, ging ich die Fifth Avenue hinauf, als ich auf der anderen Straßenseite, mehr als einen Block entfernt, einen Mann auf mich zukommen sah, dessen Gang meine Aufmerksamkeit erregte, als wäre er mir schon lange bekannt gewesen. Wer könnte das sein?, dachte ich und begann, mein Gedächtnis nach einem Hinweis zu durchforsten . Ich hatte diesen Gang schon einmal gesehen. Als der Mann mir gegenüber kam , sah ich, dass es Jay Gould war. Dieser Gang unterschied sich auf subtile Weise von dem Gang aller anderen Männer, die ich kannte. Es ist eine merkwürdige psychologische Tatsache, dass die beiden Männer außerhalb meiner eigenen Familie, von denen ich im Schlaf am häufigsten geträumt habe, Emerson und Jay Gould sind; dem einen verdanke ich so viel, dem anderen nichts; den einen verehre ich, den anderen verbinde ich, wie die ganze Welt, mit dem dunklen Pfad der spekulativen Finanzwelt. Die neuen Erklärer der Traumphilosophie würden mir wahrscheinlich sagen, dass ich eine heimliche Bewunderung für Jay Gould hege. Wenn ja, schlummert es tief in meinem Unterbewusstsein und erwacht erst, wenn mein Bewusstsein schläft.

Aber ich wollte über die Arbeit auf dem Bauernhof sprechen. Das Dreschen erfolgte hauptsächlich im Winter mit dem Dreschflegel aus Hickoryholz, wobei ein Garbenstoß mit fünfzehn Garben einen Boden bildete. An den trockenen, kalten Tagen ließ sich das Getreide leicht schälen. Nachdem ein Boden mindestens dreimal umgedroschen worden war, wurde das Stroh wieder in Garben zusammengebunden, der Boden vollständig umgeharkt und das Getreide an der Seite der Bucht aufgehäuft. Wenn der Haufen so groß wurde, dass er im Weg war, wurde er gesäubert, das heißt, er wurde durch die Wendermühle geschoben, wobei einer von uns das Getreide hineinschaufelte , ein anderer die Mühle drehte und ein dritter das Getreide maß und es in Säcke oder in die Behälter des Getreidespeichers füllte. Eines Winters, als ich ein kleiner Junge war, drosch Jonathan Scudder für uns in der Scheune auf dem Hügel. Er war in meine Schwester Olly Ann verliebt und wollte einen guten Eindruck auf die „alten Leute" machen. Jeden Abend beim Abendessen sagte Vater zu ihm: „Also, Jonathan, wie viele Garbenstöße heute?" und es wurden immer mehr, bis er eines Tages die Grenze von vierzehn erreichte und für seine Tagesarbeit große Komplimente bekam. Das machte auf Vater Eindruck, aber Olly Anns Herz erweichte es nicht. Das Geräusch der Dreschflegel und der Windmühle ist in den Scheunen der Bauern nicht mehr zu hören. Die Dreschmaschine, die von Hof zu Hof fährt, erledigt die Arbeit jetzt an einem einzigen Tag – ein paar Stunden Chaos, wobei ab und zu eine Hand oder ein Arm zerquetscht wird, anstatt wie früher gemächlich die Hickory-Dreschflegel zu schwingen.

Die erste größere Arbeit im Frühjahr war die Zuckerherstellung, für mich immer eine schöne Zeit. Normalerweise in der zweiten Märzhälfte, wenn die Rillen des schmelzenden Schnees durch die Felder flossen und die Adern der Zuckerahornbäume von der Frühlingswärme zu zittern begannen. Zu dieser Zeit herrschte auf der Farm allgemeines Erwachen: das Gackern der Hühner, das Blöken der jungen Lämmer und Kälber und das wehmütige Brüllen der Kühe. Anfang des Monats waren die „Saftzapfen" überholt, neu geschärft und neue hergestellt worden, normalerweise aus Lindenholz. Zu meiner Zeit wurde anstelle des Bohrers ein Saftbohrer verwendet, und die Art des Anbohrens war grob und verschwenderisch. Es wurde ein schräger Schnitt von drei oder vier Zoll Länge und einem halben Zoll oder mehr Tiefe geschnitten, und einen Zoll unterhalb des unteren Endes wurde der Bohrer hineingetrieben, um den Platz für den Zapfen zu schaffen, ein Stück Holz von zwei Zoll Breite, passend zum Bohrer geformt und einen Fuß oder mehr lang. Es fügte dem Baum eine doppelte und unnötige Wunde zu. Die Theorie schien zu lauten: Je größer der Schnitt, desto mehr Saft fließt heraus, als wäre der Baum ein mit Flüssigkeit gefülltes Fass. Eine kleine Wunde, die mit einem Bohrer von einem halben Zoll verursacht wird, erledigt den Job genauso gut und fügt dem Baum weit weniger Schaden zu.

Als ein heller Morgen kam, der Wind aus Nordwesten kam und es warm genug war, um gegen acht Uhr mit dem Tauen zu beginnen, wurden die Utensilien zur Zuckerherstellung – Pfannen, Kessel, Zapfen, Oxhoft – auf den Schlitten geladen und in den Wald gebracht, und gegen zehn Uhr bekamen die Bäume die grausame Axt und den grausamen Schlag erneut zu spüren. Normalerweise fiel es mir zu, die Pfannen und Zapfen für einen der Zapfer, Hiram oder Vater, zu tragen und die Pfannen auf einem ebenen Untergrund aus Stöcken oder Steinen in Position zu bringen. Vater feilschte beim Zapfen oft ziemlich am Baum herum. „Bei Fagus", sagte er, „wie ungeschickt ich bin!" Das rasche Klirren der ersten Safttropfen in der

Blechpfanne, wie gut erinnere ich mich daran! Wahrscheinlich ertönte im Gleichklang der Ruf des ersten Singammers oder des ersten Blauvogels oder der Frühlingsruf des Kleibers. Normalerweise lagen nur hier und da Schneeflecken in den Wäldern und die erdbefleckten Überreste alter Schneewehen an den Hängen der Hügel und entlang der Steinmauern. Diese klaren, warmen Märztage in den kahlen Ahornwäldern unter dem blauen Himmel, mit den ersten Tropfen Saft, die in den Pfannen klangen, hatten einen Zauber, der mir nie aus dem Gedächtnis gerät. Nachdem alle Bäume angezapft waren, zweihundertfünfzig an der Zahl, wurden die großen Kessel wieder im alten Steinbogen aufgestellt und die Oxhoft, in denen der Saft gelagert werden sollte, in Position gebracht. Gegen vier Uhr waren viele der Pfannen – Milchpfannen aus der Molkerei – voll, und das Sammeln mit Halsjoch und Eimern begann. Als ich vierzehn oder fünfzehn war , half ich bei diesem Teil der Arbeit mit. Früher war es eine große Belastung für mich, die beiden Eimer mit je zwölf Quarts durch die unwegsamen Gegenden und die steilen Böschungen im Wald zu tragen, sie dann hochzuheben und abwechselnd in die Oxhoft zu leeren, ohne das Halsjoch zu verschieben. Aber ich konnte es schaffen. Heute wird diese ganze Arbeit mit Hilfe eines Gespanns und eines auf einem Schlitten befestigten Rohrs erledigt. Bevor ich alt genug war, Saft zu sammeln, fiel es mir zu, in die Scheunen zu gehen, Heu für die Kühe hineinzubringen und beim Stallen zu helfen. Am nächsten Morgen begann das Kochen des Saftes, unter der Aufsicht von Hiram. Die großen, tiefen Eisenkessel verdampften langsam im Vergleich zu den breiten, flachen Pfannen aus Eisenblech, die heute verwendet werden. Tiefe kann bei der Zuckerherstellung nicht mit Oberflächlichkeit mithalten; je oberflächlicher Ihr Verdampfer ist, desto schneller kommen Sie voran. Die Bauern brauchten fast hundert Jahre, um dies herauszufinden oder zumindest danach zu handeln.

Nach ein paar Tagen intensiven Kochens ließ Hiram den Sirup abtropfen, nachdem er zweihundert Eimer Saft auf fünf oder sechs Sirupe reduziert hatte. Das Abtropfen fand oft nach Einbruch der Dunkelheit statt. Wenn die Flüssigkeit aus einer Schöpfkelle tropfte, die in den Saft getaucht wurde, und sich, in der kühlen Luft hochgehalten, zu steifen, dünnen Massen formte, hatte sie die Stufe des Sirups erreicht. Wie vorsichtig wir über den holprigen Pfad im Halbdunkel der alten Blechlaterne gingen, als wir diese kostbaren Eimer Sirup zum Haus trugen, wo Mutter und Jane den letzten Vorgang des „Abzuckerns" durchführen mussten!

Die Saftflüsse erfolgten in Abständen von mehreren Tagen. Normalerweise endete ein Fluss nach zwei oder drei Tagen. Ein Wetterwechsel unter den Gefrierpunkt stoppte den Fluss, und ein Wetterwechsel zu deutlich wärmeren Temperaturen stoppte ihn.

Die Saftquellen werden durch frostigen Sonnenschein freigesetzt. Frost im Boden oder in Form von Schnee darauf und sonnendurchflutete Luft sind die günstigsten Bedingungen . Eine gewisse Kühle und Frische, etwas Kristallines in der Luft sind notwendig. Ein Hauch von enervierender Wärme aus dem Süden oder eine Kälte aus dem Norden und die Bäume spüren es sehr schnell durch ihre dicke Rinde. Bei Temperaturen zwischen 35 und 50 Grad leisten sie ihre beste Arbeit. Nachdem wir eine Ernte mit Regen und Wärme hinter uns haben, beschert uns ein frischer Schneefall – „Saftschnee", wie ihn die Bauern nennen – eine weitere Ernte. Drei oder vier gute Ernten ergeben eine lange und erfolgreiche Saison. Meine Kindheit im Zuckerbusch im Frühling war meine schönste Zeit auf der Farm. Wie ich jeden dieser zweihundertfünfzig Bäume kennenlernte – welch ausgeprägte Individualität schien den meisten von ihnen anzuhaften, so sehr wie jeder Kuh in einer Molkerei! Ich wusste, bei welchen Bäumen ich ziemlich sicher eine volle Schale finden würde und bei welchen weniger . Ein riesiger Baum lieferte immer eine Sahnepfanne voll – eine doppelte Menge –, während die anderen eine normale Pfanne füllten. Dieser war als „der alte Sahnepfannenbaum" bekannt. Sein Platz ist seit langem leer; etwa die Hälfte der anderen steht noch, aber da die Alterserscheinungen in ihren Spitzen sichtbar sind, hat eine neue Generation von Ahornbäumen den Platz der verschwundenen Veteranen eingenommen.

Während ich an den hellen, warmen März- oder Apriltagen mit meinem Bruder die Kessel neben dem alten Bogen pflegte oder während er zum Abendessen gegangen war und den Blick über das lange Tal und die geschwungenen Rücken der fernen Bergketten schweifen ließ, was für Träume hatte ich, was für vage Sehnsüchte und, ich darf sagen, was für glückliche Erwartungen! Ich bin sicher, dass ich in jenen jugendlichen Tagen zwischen den Ahornbäumen mehr als nur Saft und Zucker gesammelt habe. Wenn ich jetzt das alte Haus besuche , muss ich zum Zuckerwald gehen und um den alten „Kochplatz" herumstehen und versuchen, mich in die magische Atmosphäre jener Kindheitszeit zurückzuversetzen. Der Mann hat auch seine Träume, aber in seinen Augen ist die Welt nicht so romantisch wie in den Augen der Jugend.

Eines Frühlings während der Zuckerrohrsaison besuchte mich mein Cousin Gib Kelly, ein Junge in meinem Alter, und blieb zwei oder drei Tage. (Er starb letzten Herbst.) Als er wegging, kümmerte ich mich um die Kessel im Wald, und als ich ihn im Märzsonnenschein über die kahlen Felder gehen sah, seine Schritte in Richtung der fernen Berge, erinnere ich mich noch, was für ein Gefühl des Verlusts mich überkam, seine Kameradschaft hatte meine Freude an den schönen Tagen so erhellt. Er schien meine ganze Welt mitzunehmen, und an diesem und dem folgenden Tag ging ich meinen Pflichten im Saftbusch in einer wehmütigen und nachdenklichen Stimmung nach, die ich noch nie zuvor gefühlt hatte. Ich zeigte schon früh die Fähigkeit zur Kameradschaft. Ein Freund konnte den Zauber der Romantik über alles legen. Oh, die zauberhaften Tage mit meinen jungen Kumpels! Und ich bin dieser frühen Empfänglichkeit noch nicht ganz entwachsen. Es gibt Menschen auf der Welt, deren Kameradschaft für mich immer noch das unedle Metall alltäglicher Szenen und Erlebnisse in das reinste Gold der Romantik verwandeln kann. Wahrscheinlich sind es meine weiblichen Eigenheiten, die das alles erklären. Eine andere unvergessliche Leidenschaft der Kameradschaft in meiner Jugend empfand ich gegenüber dem Sohn einer Cousine, einem Jungen von vier oder fünf Jahren, also etwa halb so alt wie ich. Eines Frühlings waren seine Mutter und er acht oder zehn Tage lang zu Besuch bei uns. Das Kind war sehr liebenswert und wir wurden bald unzertrennliche Gefährten. Er war wie ein Besucher aus einer anderen Sphäre. Ich trug ihn häufig auf meinem Rücken und mein Herz öffnete sich ihm jeden Tag mehr. Eines Tages begannen wir, eine ziemlich steile Treppe aus der Schweinestallkammer hinunterzusteigen; ich war ein paar Stufen hinuntergestiegen und streckte die Hand aus, um den kleinen Harry, der oben auf der Treppe auf dem Boden stand, in meine Arme zu nehmen und ihn hinunterzutragen, als er in seiner Freude einen Satz machte und mich mit ihm in meinen Armen umwarf, und wir landeten unten mit unseren Köpfen gegen ein solides Balkenwerk. Es war ein heftiger Schock, aber mein Herz schmerzte mehr als mein Kopf, weil der Junge schlimme Prellungen hatte. Das Ereignis kommt mir wieder in den Sinn, als wäre es erst gestern gewesen. Wochenlang nach seinem Weggang sehnte ich mich Tag und Nacht nach ihm, und diese Erinnerung leuchtet noch immer wie ein Stern in meinem Kindheitsleben. Ich sah ihn nie wieder, bis ich ihn vor zwei Jahren in San Francisco aufsuchte, da ich wusste, dass er dort als praktizierender Arzt lebte. Ich fand ihn als einen gesetzten grauhaarigen Mann, der natürlich keinerlei Anhaltspunkte für das Kind hatte, das ich vor über sechzig Jahren gekannt und geliebt hatte. Ich habe es mehrmals erlebt, dass ich Freunde meiner Jugend nach mehr als einem halben Jahrhundert wieder aufsuchte. Letzten Frühling erhielt ich einen Brief von einem meiner Schüler aus der ersten Schule, an der ich 1854 oder 1855 unterrichtete. Ich hatte ihn in all den Jahren, in denen er mir in Erinnerung kam, weder gesehen noch von ihm gehört. Den Namen, Roswell Beach, hatte ich nicht vergessen, aber das Gesicht hatte ich. Erst vor zwei Wochen, als ich in der Nähe seiner Stadt war, kam mir die Idee, ihn aufzusuchen. Ich tat es und war schockiert, ihn auf seinem Sterbebett zu finden. Zu schwach, um den Kopf vom Kissen zu heben, schlang er dennoch seine Arme um mich und sprach meinen Namen viele Male mit ausgeprägter Zuneigung aus. Er starb wenige Tage später. Ich war für ihn, was einige meiner alten Lehrer für mich waren — Sterne, die nie unter meinem Horizont untergingen.

Meine jungenhafte Vorliebe für Mädchen war ganz anders als meine Vorliebe für Jungen – sie war wenig oder gar nicht von Kameradschaft geprägt. Als ich acht oder neun Jahre alt war, gab es ein Mädchen in der Schule, dem ich sehr zugetan war, und ich dachte, sie erwiderte das auch, bis ich eines Tages plötzlich merkte, wie wenig sie sich um mich kümmerte. Die Lehrerin hatte uns verboten, unsere Füße auf die Sitze vor uns zu stellen. Ich nehme an, in einem Geist der Rebellion stellte ich, als die Lehrerin nicht hinsah, meine braunen, schmutzbefleckten nackten Füße auf den verbotenen Sitz. Polly ergriff schnell das Wort und sagte: „Lehrerin, Johnny Burris hat seine Füße auf den Sitz gestellt" – was für ein Schlag für mich, dass sie mich verpetzte! Wie ein grausamer Frost erstickten diese Worte die zarten Knospen meiner Zuneigung und sie sprossen nie wieder. Jahre später heiratete ihr jüngerer Bruder meine jüngere Schwester, und vielleicht hielt mich dieser unfreundliche Schnitt unserer Schulzeit davon ab, Polly zu heiraten. Ich hatte noch andere Schwärmereien, aber sie starben alle eines natürlichen Todes.

Aber kommen wir zurück zur Arbeit auf dem Bauernhof.

Das Einsammeln der Sachen im Zuckerwald, wenn der Saftfluss versiegt war, fiel normalerweise Eden und mir zu. Wir trugen die Pfannen und Zapfen in großen Stapeln zusammen, wo die Ochsen und Schlitten sie erreichen konnten. Wenn sie dann zum Haus gebracht wurden, war es die Aufgabe meiner Mutter und meiner Schwester, sie für die Milch vorzubereiten.

Das Ausbringen des Mistes und das Pflügen im Frühjahr waren die nächsten Aufgaben auf dem Bauernhof. Beim ersteren half ich mit, beim letzteren nicht. Das Ausbringen des Mistes, der im Winter ausgebracht und auf den Feldern zu Haufen aufgehäuft worden war, fiel oft mir zu. Ich erinnere mich, dass ich mich nicht sehr gern an die Arbeit machte, besonders wenn das Vieh mit langem Roggenstroh gestreut worden war, aber es gab Ausgleiche. Ich konnte mich auf den Stiel meiner Gabel stützen und die Frühlingslandschaft betrachten, ich konnte die knospenden Bäume sehen und dem Gesang der frühen Vögel lauschen und vielleicht den Ruf der ersten Schwalbe über mir hören. Der Bauernjunge hat immer die ganze Natur an seiner Seite und ist sich dessen normalerweise bewusst.

Als ich, bewaffnet mit meinem langstieligen „Klopfschläger", auf die Aprilwiesen geschickt wurde, um den Herbstkot der Kühe – die Juno-Kissen, wie Irving sie nannte – zu zertrümmern und zu verstreuen, hatte ich eine viel angenehmere Beschäftigung. Hätte ich damals schon Golf gekannt, hätte ich dies wahrscheinlich als angemessenen Ersatz angesehen. Die großen Kissen hochkant zu stellen und mit dem Schwung eines echten Golfers mit meinem Schläger darauf zu schlagen und die Stücke fliegen zu sehen, war mehr Spiel als Arbeit. Ach ja, dann war es April und ich spürte die steigende Flut des Frühlings in meinem Blut und ein bisschen freie

Aktivität wie diese unter dem blauen Himmel passte zu meiner Laune . Ein Junge mag fast jede Arbeit, die ihm eine Flucht aus der Routine und Eintönigkeit bietet und ein Element von Spiel enthält. Den Schleifstein oder die Windmühle zu drehen oder Garben zusammenzutragen oder Kartoffeln aufzulesen oder Holz hereinzutragen waren Pflichten, die meine Stimmung belasteten.

Das Pflügen im Frühjahr, die Aussaat des Getreides und das Eggen fielen hauptsächlich Vater und meinen älteren Brüdern zu. Die Frühjahrsarbeit galt als erledigt, wenn der Hafer gesät und der Mais und die Kartoffeln gepflanzt waren: das erste Anfang Mai, das zweite Ende Mai. Der Buchweizen wurde erst Ende Juni gesät. Ein Bauer fragte den anderen: „Wie viel Hafer wirst du säen oder hast du gesät?", nicht, wie viele Morgen. „Oh, fünfzehn oder zwanzig Scheffel", lautete die Antwort.

Die Straßenarbeiten begannen im Juni, nachdem die Ernte eingebracht war. Alle Arbeiter, die vom „Wegemeister" zusammengerufen wurden, trafen sich an einem bestimmten Tag am Ende des Bezirks unten beim alten Schulhaus aus Stein – Männer und Jungen mit Ochsen, Pferden, Schabern, Hacken und Brechstangen – und begannen mit der Reparatur der Straße. Es war keine anstrengende Arbeit, sondern eine Art Urlaub, den wir alle mehr oder weniger genossen. Die Straße wurde hier und da nach und nach repariert – eine Brücke wurde repariert, ein Graben ausgeräumt, die losen Steine entfernt, ein Loch aufgefüllt oder ein kurzer Abschnitt „Mautstraße" gebaut – aber die Tage waren Achtstundentage und sie waren keine schwere Last für uns. Der Staat macht das jetzt mit Straßenbaumaschinen und ein paar Männern viel besser. Ein- oder zweimal im Jahr schickte mich Vater mit einer Hacke los, um die losen Steine von der Straße zu werfen.

Eine angenehmere Aufgabe in jenen Jahren war das Schießen von Streifenhörnchen rund um das Maisfeld. Diese kleinen Nagetiere gab es in meiner Jugend so zahlreich, dass sie das sprießende Maisfeld am Rand des Feldes in der Nähe der Steinmauern ausrissen. Bewaffnet mit dem alten Steinschlossgewehr, das manchmal mit einer Handvoll harter Erbsen geladen war, trieb ich mich an den Rändern des Maisfeldes herum und hielt nach den kleinen, gestreiften Übeltätern Ausschau. Wie unbarmherzig habe ich sie getötet! Damals gab es ein Dutzend, wo heute kaum noch eines ist. Die Wälder wimmelten buchstäblich von ihnen, und wenn Bucheckern und Eicheln knapp waren , waren sie gezwungen, die Ernten der Bauern zu fressen. Um sie und andere Schädlinge zu reduzieren, wurden Schießwettbewerbe abgehalten. Zwei Männer wählten eine Seite wie bei den Buchstabierwettbewerben, sieben oder acht oder mehr waren auf einer Seite, und die Seite, die am Ende der Woche die meisten Trophäen eingebracht hatte, gewann, und die Verliererseite musste das Abendessen im Dorfhotel für die ganze Menge bezahlen. Der Schwanz eines Streifenhörnchens zählte eins, der eines roten Eichhörnchens drei, der eines grauen Eichhörnchens noch mehr. Habichts- und Eulenköpfe zählten, glaube ich, bis zu zehn. Krähenköpfe zählten auch ziemlich viel. Ein Mann, der wenig Zeit zum Jagen hatte, engagierte mich als Helfer und bot mir so und so viel pro Dutzend Stück. Ich erinnere mich, dass ich oben im Saftbusch einen Brut junger Kreischeulen fand, die gerade aus dem Nest geschlüpft waren, und ich tötete sie alle. Der Mann schuldet mir für diese Eulen noch immer etwas. Wie viele bunte Köpfe und Schwänze wurden am Ende der Woche hereingebracht! Ich habe sie nie gesehen, wünschte aber, ich hätte sie gesehen. Wiederholte Schießwettbewerbe dieser Art in verschiedenen Teilen des Staates haben die kleinen Wildtiere, insbesondere die Streifenhörnchen, so dezimiert, dass sie sich noch nicht erholt haben und es wahrscheinlich auch nie tun werden. Damals war die Hand des Bauern gegen fast jedes wilde Tier. Wir schossen und fingen Krähen und Habichte und kleine Habichte, als wären sie unsere Todfeinde. Früher stellten die Bauern auf ihren Wiesen Pfähle auf und stellten darauf Stahlfallen auf, um die Habichte zu fangen, die es auf die Feldmäuse abgesehen hatten, die ihre Wiesen verwüsteten. Der Habicht wird so genannt, weil er selten oder nie ein Huhn oder eine Henne fängt. Er ist ein Mäusejäger. Im Frühjahr köderten wir die hungrigen Krähen mit „Diakon"-Beinen und schossen sie gnadenlos ab, und das alles, weil sie ab und zu ein wenig Mais ausrissen und dabei vergaßen oder nicht wussten, welche Larven und Würmer sie ausrissen und welche Heuschrecken sie fraßen. Aber das hat sich geändert, und jetzt werden unsere Zobelfreunde und die hochfliegenden Habichte nur noch selten belästigt. Der Narr mit dem Gewehr schießt sehr leicht einen Adler ab, wenn sich ihm die Gelegenheit bietet, aber er muss dabei sehr schlau vorgehen.

Die Butterblumen und Gänseblümchen blühten, wenn wir an der Straße arbeiteten, und das Wiesenlieschgras war kurz davor, dies zu tun – ein Hinweis auf das nahende große Ereignis der Saison, die eine große Aufgabe, auf die so viele andere Dinge hinwiesen – das „Heuernten", das Einsammeln unserer hundert oder mehr Tonnen Wiesenheu. Dies war immer ein hart umkämpfter Feldzug. Unsere Waffen wurden rechtzeitig bereit gemacht, neue Sensen und neue Schürfkübel, neue Rechen und neue Gabeln, die Heuaufhängungen repariert oder neu gebaut usw. Kurz nach dem 4. Juli erfolgte der erste Angriff auf die Wiesenliesch-Legionen im Gras unter der Scheune. Unsere Sensen zogen große Schwaden auf, die fast den ganzen Boden bedeckten und unsere Kräfte auf eine harte Probe stellten. Gegen Mittag gingen wir mit zitternden Knien nach Hause.

Der erste Tag der Heuernte bedeutete fast einen ganzen Tag mit der Sense und war der anstrengendste von allen. Danach bedeutete ein halber Tag Mähen, wenn das Wetter gut war, jeden Nachmittag Arbeit beim Trocknen und Abtransportieren. Vom ersten Tag Anfang Juli bis Ende August lebten wir für die Heuwiese. Keine Ruhepause außer an Regentagen und Sonntagen und kein Wechsel außer von einer Wiese zur anderen. Damals gab es keine Achtstundentage, sondern zwölf und vierzehn, einschließlich des Melkens. Damals gab es keine Pferderechen, keine Mähmaschinen oder Heuwender oder Lade- oder Wurfgeräte. Die Sense, der Handrechen, die Mistgabel in den schwieligen Händen von Männern und Jungen erledigten die Arbeit, gelegentlich übernahmen sogar die Frauen abwechselnd die Harke oder das Mähen. Ich erinnere mich an den ersten drahtgezahnten Pferderechen mit seinen zwei Griffen, der an heißen Tagen und bei schwerem Gras Mann und Pferd beinahe tötete. Der Halter legte sein ganzes Gewicht darauf, damit es das Heu griff und festhielt, und hob es dann in einem Kraftanfall hoch und ließ es fallen. Aus diesem primitiven Instrument entwickelte sich über verschiedene Arten von hölzernen und rotierenden Rechen der moderne Rechen auf Rädern, auf dem der Rechenfahrer bequem herumfährt. Zu dieser Jahreszeit wurden die Kühe um oder vor fünf Uhr auf den Hof gebracht, Frühstück gab es um sechs, Mittagessen auf dem Feld um zehn, Mittagessen um zwölf und Abendbrot um fünf, mit Melken und Heuziehen und Aufhäufen bis zum Sonnenuntergang. Diese Mittagessen am Vormittag mit Mutters gutem Roggenbrot und Butter, Krapfen oder Lebkuchen und im August einer frischen grünen Gurke und einem dampfenden Krug mit Quellwasser – dampfend, nicht wie wir, weil es heiß war, sondern weil es kalt war, eingenommen unter einer Esche oder einem Ahornbaum – wie süß und wohlriechend ist die Erinnerung an all das für mich!

Bis ich Teenager war, war es meine Aufgabe, Heu auszubreiten und hinterher zu harken; später war ich mit den Mähern und Krügen abwechselnd dran. Ich lud nie, daher warf ich nie über den großen Balken. Wie Vater das Wetter beobachtete! Der Regen, der das Gras wachsen lässt, ruiniert das Heu. Wenn der Morgen keinen guten Heutag versprach, wurden unsere Sensen zwar geschliffen, aber an ihren Plätzen zurückgehängt. Wenn im Westen ein Gewitter aufzog und viel Heu zum Abtransport bereit war, wie beschleunigte das unsere Schritte und unsere Schläge! Es war das Geräusch der Gewehre des sich nähernden Feindes. In einer Stunde erledigten wir die Arbeit von zweien oder versuchten es zumindest. Wie der Wagen über die Straße ratterte, wie die Männer sich das Gesicht wischten und wie ich, während ich mich beeilte, insgeheim frohlockte, dass ich jetzt eine Stunde Zeit hatte, um meine Armbrust fertigzustellen oder an meinem Teich auf der Weide zu arbeiten!

Diese Spätsommernachmittage nach dem Regenschauer – welcher Mann, der seine Jugend auf dem Bauernhof verbracht hat, erinnert sich nicht an sie! Die hoch aufgetürmten Gewitterwolken des abziehenden Sturms über den östlichen Bergen, der feuchte, frische Geruch des Heus und der Felder, die roten Pfützen auf der Straße, die Rotkehlchen, die in den Baumwipfeln singen, die gewaschene und kühlere Luft und das willkommene Gefühl der Entspannung, das sie mit sich brachten. Es war jetzt eine gute Zeit, um im Garten Unkraut zu jäten, die Sensen zu schleifen und andere Gelegenheitsarbeiten zu erledigen. Wenn die Heuernte beendet war, zu meiner Zeit normalerweise Ende August, gab es normalerweise für ein paar Tage eine Pause.

Ich war das siebte Kind in einer Familie mit zehn Kindern: Hiram, Olly Ann, Wilson, Curtis, Edmond und Jane kamen vor mir; Eden, Abigail und Eveline kamen nach mir. Alle waren mir in den geistigen Eigenschaften, für die ich in der Welt bekannt bin, so unähnlich, wie Sie sich vorstellen können, aber alle waren mir in ihren grundlegenderen Familienmerkmalen ähnlich. Wir hatten alle die gleichen Charakterschwächen: Wir waren alle zartbesaitet – es fehlte uns an Mumm, Willenskraft, Selbstbehauptung und der Fähigkeit, mit Männern umzugehen. Wir wurden leicht in die Enge getrieben, leicht betrogen, immer bereit, in den Hintergrund zu treten, schüchtern, gefügig, unentschlossen, stur, aber nicht kämpferisch, selbstsüchtig, aber nicht selbstbehauptend, immer die leichten Opfer von drängenden, grobschlächtigen, hinterlistigen Männern. Wie bei Vater kam das Wort leicht, aber der Schlag folgte langsam. Erst vor ein oder zwei Jahren zwang ein Blitzableiter meinen Bruder Curtis und seinen Sohn John, seine Blitzableiter gegen ihren Willen auf ihre Scheune zu legen. Sie wollten seine Stäbe nicht, konnten aber nicht energisch genug „Nein" sagen. Er hielt sie einfach hoch und zwang sie, seine Stäbe zu nehmen, ob sie wollten oder nicht. Curtis wurden auf die gleiche Weise Karten, Bücher, Waschmaschinen usw. aufgezwungen. Ich kann den Baumpflegern, Buchhändlern usw. widerstehen, und der Blitzableitermann fand mich, wie durch ein Wunder, entschieden unfähig, zu leiten; aber ich kann sehen, wie meine schwächeren Brüder versagten. Ich habe einen Rechtsstreit beigelegt, anstatt ihn auszufechten, als ich wusste, dass Recht und Gerechtigkeit auf meiner Seite waren. Meine Frau hat oft gesagt, dass ich nie wusste, wann ich getäuscht wurde. Ich kann es wissen und dennoch das Gefühl haben, dass es mir mehr weh tun würde, wenn ich es übelnehmen würde, als es die Beleidigung tat. Streit und Zwist bringen mich um, fallen mir aber leicht, und das war bei meiner ganzen Familie der Fall. Mein Sinn für persönliche Würde, persönliche Ehre , ist keine Pflanze von so zartem Wuchs, dass sie rauen Winden und beißendem Frost nicht standhalten könnte. Das ist eine schmeichelhafte Art zu sagen, dass wir ein sehr unritterlicher Stamm sind und lieber weglaufen würden, als zu kämpfen. Während des Kampfes gegen die Miete in Delaware County im Jahr 1844 floh Vater, der ein „Down Renter" war, einmal in das Haus eines Nachbarn , als er die Truppe kommen sah, und versteckte sich unter dem Bett, wobei er seine Füße herausstreckte. Vater leugnete es nie und schien nie auch nur im Geringsten gedemütigt, wenn er deswegen gehänselt wurde. Großvater Kelly scheint unser ganzes

Kampfblut im Wahlkampf gegen Washington aufgebraucht zu haben, obwohl ich mehr als halbwegs vermute, dass unsere Kampfeslust von der väterlichen Seite der Familie herrührt. Als Schuljunge habe ich nie gekämpft, und seitdem habe ich nie einen feindlichen Schlag ausgeteilt oder erhalten. Und ich habe nie einen meiner Brüder in der Schule kämpfen sehen, und er kämpfte mit dem gemeinsten Jungen in der Schule und bestrafte ihn gut. Ich sehe ihn jetzt noch vor mir, wie er auf dem ausgestreckten Körper des Jungen sitzt, seine Hände in dessen Haaren verkrampft und sein Gesicht in den verkrusteten Schnee drückt, bis ihm das Blut übers Gesicht strömte. Das nächste Mal, dass ich in der Schule einer Schlägerei am nächsten kam, war, als wir eines Mittags Baseball spielten und ein Junge in meinem Alter und meiner Größe wütend auf mich wurde und mich herausforderte, Hand an ihn zu legen. Ich tat es schnell, aber auf sein Bellen folgte kein Biss. Soweit ich mich erinnern kann, wurde ich weder in der Schule noch zu Hause geschlagen, obwohl ich es zweifellos oft verdiente. In unserer Familie wurde viel laut geschimpft, aber nur sehr selten geschlagen.

Vater und Mutter hatten es schwer, den Hof zu finanzieren und uns alle zu kleiden, zu ernähren und zu unterrichten. Wir lebten von den Produkten des Hofes in einem Ausmaß, das die Leute heute nicht mehr für möglich halten. Nicht nur unsere Nahrung wurde größtenteils selbst angebaut, sondern auch unsere Kleidung wurde selbst angebaut und selbst gesponnen. In meiner frühen Jugend wurden unsere Haushaltswäsche und unsere Sommerhemden und -hosen aus Flachs hergestellt, der auf dem Hof wuchs. Wie lebhaft erinnere ich mich an diese Pionierhemden! Sie stammten vom Baumstumpf, und Stumpfstücke in Form von „Schäben" waren in ihre Textur eingewebt und machten den Träger wochenlang zu einem unfreiwilligen Reumütigen, oder bis er durch Gebrauch und Waschbrett überwunden war. Erbsen in den Schuhen sind nicht schlimmer als „Schäben" auf dem Hemd. Aber diese Leinenhemden hielten einem bei. Wenn man beim Klettern auf einen Baum den Halt verlor und an einem Ast hängen blieb, hielt einen das Hemd oder die Leinenhose. Das Material, aus dem sie gemacht waren, hatte eine Geschichte – mitsamt der Wurzel ausgerissen, im Boden verwurzelt, knisternd zerbrochen, mit einer Schwinge geschlagen und durch eine Hetchel gezogen , und aus all dieser Tortur entstand der Flachs. Ich kann mich noch gut daran erinnern, wie Vater in den hellen, scharfen Märztagen damit arbeitete, ihn brach und ihn dann mit einem langen, schwertähnlichen Holzwerkzeug über das Ende eines aufrecht stehenden Bretts schwang, das an der Basis in einem schweren Block befestigt war. So sollten die spröden Rindenstücke von den Fasern des Flachses getrennt werden. Dann zog er ihn in großen Handvoll durch die Hetchel – ein Instrument mit zwanzig oder mehr langen, scharfen Eisenzähnen, die Reihe für Reihe in ein Brett eingesetzt waren. Dadurch wurden das Werg und anderes wertloses Material herausgekämmt. Das war eine sehr gute Disziplin für den Flachs; es glättete seine Fasern und machte ihn so klar und gerade wie die Locken eines Mädchens. Aus dem Werg drehten wir Sackschnüre, Dreschflegelschnüre und andere Schnüre. Mit den wertlosen Teilen machten wir riesige Lagerfeuer. Den Flachs häufte Mutter auf ihrem Spinnrocken an und spann ihn zu Fäden. Das letzte Mal, dass ich den alten Webstuhl vor fünfzig oder mehr Jahren sah, diente er als Hühnerstall unter dem Schuppen, und der wilde alte Knecht tat seinen Dienst hinter dem alten Buttermacher, als er schmollte und sich zurückzog, um die Buttermaschine anzuhalten. Damals wurde Wolle gesponnen statt Flachs. Der Flachs wurde auf einer Spule gesponnen, die am Fuß entlanglief, und die Spulen oder Spulen, die den Faden hielten, wurden in einem Weberschiffchen verwendet, wenn der Stoff gewebt wurde. Der alte Webstuhl stand in der Schweinestallkammer, und dort webte Mutter ihr Leinen, ihre Flickenteppiche und ihre Wollwaren . Ich habe oft für sie „gesponnen", das heißt, ich habe das Garn von der Spule auf Spulen laufen lassen, um es im Weberschiffchen zu verwenden.

Vater hatte eine Schafherde, die genug Wolle für unsere Strümpfe, Handschuhe, Tröster und Unterwäsche sowie Wolllaken und -decken für die Betten lieferte. Einige dieser selbstgemachten Wolllaken und -decken habe ich jetzt bei Slabsides .

Juni geschoren wurden, wurden sie zwei Meilen zum Bach getrieben, um gewaschen zu werden. Der Tag des Schafwaschens war ein Ereignis auf der Farm. Es war keine leichte Aufgabe, die Schafe vom Berg zu holen, sie zum tiefen Teich hinter der Getreidemühle des alten Jonas More zu treiben, sie dort einzupferchen, sie eins nach dem anderen ins Wasser zu ziehen und sie zu guten, sauberen Baptisten zu machen! Aber Schafe sind keine Kämpfer, sie wehren sich einen Moment und unterwerfen sich dann passiv der Taufe. Normalerweise wuschen meine älteren Brüder und ich hütete sie. Nach der Schur wurden die armen Tiere ein paar Tage später einer weiteren Tortur unterzogen, der sie sich nach kurzem Kampf schnell ergaben. Vater schor, während ich manchmal die Beine des Tieres hielt. Vater war kein geschickter Scherer und das arme Tier musste sich normalerweise von vielen Stücken seiner Haut und seinem Fell trennen. Ich zuckte genauso zusammen wie die Schafe, wenn ich sah, wie die Kämme dieser kleinen Fältchen in ihrer Haut abgeschnitten wurden.

Ich habe mich immer gefragt, woher die Schafe einander kannten und woher die Lämmer ihre Mütter kannten, wenn ihnen das Fell abgenommen wurde. Aber sie taten es. Die Wolle wurde bald in die Walkmühle geschickt und zu Rollen verarbeitet, obwohl ich gesehen habe, wie sie zu Hause von Hand kardiert und zu Rollen verarbeitet wurde. Wie viele Bündel von Rollen habe ich zu Laken zusammengebunden nach Hause kommen sehen! Dann hörte ich an den langen Sommernachmittagen das Summen des großen Spinnrads in der Kammer und die Schritte des Mädchens, das es bediente, hin und her ging und das Garn herauszog und aufwickelte. Die weißen Rollen, zehn Zoll oder mehr lang und fingerdick, lagen in einem Stapel auf dem Radbalken und wurden eine nach der anderen an der Spindel befestigt und zu Garn der richtigen Größe ausgezogen. Jede neue Rolle wurde an das Ende der vorherigen geschweißt, damit das Garn die Verbindungsstelle nicht zeigte. Aber seit mehr als sechzig Jahren ist die Musik des Spinnrads im Land nicht mehr zu hören.

Meine Mutter pflegte, ihre Gänse in der Scheune zu rupfen, in der mein Vater die Schafe schor; und auch beim Zusammentreiben der Herde zu helfen, gehörte zu meinen Pflichten. Die Gänse ließen sich genauso bereitwillig rupfen wie die Schafe, aber sie boten nach dem Schoren ein viel zerlumpteres und traurigeres Aussehen als die Schafe. Es amüsierte mich, wenn sie die Köpfe zusammensteckten, sich unterhielten, lachten und sich gegenseitig zu ihrem gerade errungenen Sieg beglückwünschten ! Sie waren den Händen des Feindes entkommen und hatten nur ein paar Federn verloren, die sie bei dem warmen Wetter nicht brauchen konnten! Die Gans ist die einzige einheimische Tierart, die bei einer Niederlage genauso laut und fröhlich gackert wie bei einem Sieg. Sie sind so selbstgefällig und optimistisch, dass es mir ein Trost ist, sie hier zu sehen. Schon die Albernheit der Gans ist eine Lektion in Sachen Weisheit. Der Stolz eines gerupften Gänsers macht einen mutig. Ich halte es für sehr wahrscheinlich, dass wir unsere Angewohnheit, unseren Widerspruch herauszuzischen, von der Gans gelernt haben, und vielleicht hat auch unsere andere Angewohnheit, manchmal zu versuchen, einen Gegner mit Lärm zu übertönen, einen ähnlichen Ursprung. Die Gans ist albern und flachhäutig; doch welche Würde und Großartigkeit haben ihre wandernden wilden Clans, die in geordneten Reihen über den Frühlings- oder Herbsthimmel ziehen und die Chesapeake Bay und die kanadischen Seen in einem Flug verbinden! Die großen Kräfte haben sich gelöst und in einem Fall liegt der Winter hinter ihnen, und im anderen Fall tragen sie die Gezeiten des Frühlings weiter. Wenn ich das Trompeten der Wildgänse am Himmel höre, weiß ich, dass dramatische Ereignisse im Wechsel der Jahreszeiten stattfinden.

Ich war das einzige der zehn Kinder, das, wie Vater sagte, „das Lernen begann", obwohl ich in 75 Jahren des Studierens von Büchern und Zeitschriften nicht „gelehrt" geworden bin. Aber ich ließ die anderen Kinder in der Schule leicht hinter mir. Die anderen lernten kaum lesen und schreiben und ein wenig rechnen, Curtis und Wilson kaum, Hiram kam in Greenleafs Grammatik und lernte das Parsen, aber nie richtig schreiben oder sprechen, und er rechnen fast durch Dayballs Arithmetik. Ich ging durch Dayball und dann durch Thompkins und Perkins und kam in der Bezirksschule gut in Algebra voran. Mein Lehrer jedoch, als ich etwa dreizehn oder vierzehn war, schien von meiner Begabung nicht sehr beeindruckt zu sein, denn ich erinnere mich, dass er anderen Schülern, Jungen und Mädchen in etwa meinem Alter, sagte, sie sollten sich jeweils eine Grammatik besorgen, mir aber nichts sagte. Ich fühlte mich ein wenig gekränkt, beschloss aber, dass ich auch eine Grammatik haben wollte. Da mein Vater sich weigerte, es mir zu kaufen, backte ich im Frühjahr kleine Kuchen aus Ahornzucker und verkaufte sie im Dorf, um genug Geld zu verdienen, um die Grammatik und andere Bücher zu kaufen. Der Lehrer war ein wenig verblüfft, als ich mein Buch hervorholte, während die anderen ihre Bücher herstellten, aber er ließ mich in die Klasse einsteigen, und ich blieb bei den anderen, ohne jedoch zu ahnen, dass das Studium irgendeinen praktischen Einfluss auf unser tägliches Sprechen und Schreiben hatte. Dieser Lehrer war ein hervorragender Mann, Absolvent der staatlichen Normalschule in Albany, aber ich konnte ihn nicht mit meinen wissenschaftlichen Fähigkeiten beeindrucken, die sicherlich nicht bemerkenswert waren. Aber lange danach, als er einige meiner früheren Zeitschriftenartikel gelesen hatte, schrieb er mir und fragte, ob ich tatsächlich sein früher Schüler aus der Bauernzeit gewesen sei. Sein Interesse und sein Lob bereiteten mir seltene Freude. Ich hatte endlich diese unangenehme Einmischung in seinen Grammatikunterricht gerechtfertigt. Viel später im Leben, nachdem er nach Kansas ausgewandert war, besuchte er mich bei einem Besuch im Osten, als ich zufällig in meiner Heimatstadt war. Dies bereitete mir noch mehr Freude. Er starb vor vielen Jahren in Kansas und ist dort begraben. Ich bin oft durch den Staat gereist und denke immer daran, dass dort die Asche meines alten Lehrers liegt. Es ist mir eine Genugtuung, seinen Namen, James Oliver, in dieses Dokument einzutragen.

Ich war in vielerlei Hinsicht ein Sonderling in der Familie meines Vaters. Ich war wie ein Pfropfling von einem anderen Baum. Und das ist immer ein Nachteil für einen Mann – nicht die logische Folge dessen zu sein, was vor ihm war, nicht von seiner Familie und seinem Erbe unterstützt zu werden – von Natur aus ein Sportsmann zu sein. Es scheint, als hätte ich mehr intellektuelles Kapital, als mir zustand, und habe einige der übrigen Familienmitglieder beraubt, während ich die Schwächen der Familie in vollem Umfang aufwies. Ich kann mich erinnern, wie verlegen ich als Kind war, wenn Fremde oder Verwandte, die uns zum ersten Mal besuchten, nach einem Blick auf die übrigen Kinder fragten und auf mich zeigten: „Das ist nicht Ihr Junge – wem gehört er?" Ich habe keine Ahnung, dass ich anders aussah als die anderen, denn ich kann den Familienstempel bis heute sehr deutlich in meinem Gesicht sehen. Mein Gesicht ähnelt dem von Hiram mehr als das der anderen, und ich fühle eine tiefere Zuneigung zu ihm als zu irgendeinem meiner anderen Brüder. Hiram war auch ein Träumer und hatte seinen eigenen Idealismus, der sich in seiner Liebe zu Bienen ausdrückte, von denen er zeitweise mehrere Bienenstöcke hielt, und zu Zuchttieren, Schafen, Schweinen, Geflügel und dem Wunsch, andere Länder zu sehen. Seine Bienen und Zuchttiere brachten ihm nie etwas ein, aber er erwartete immer, dass sie es im nächsten Jahr tun würden. Aber sie brachten ihm Honig und Wolle einer bestimmten immateriellen, befriedigenden Art ein. Der Besitzer eines Cotswold-Schafbocks oder -Mutterschafs zu sein, für das er hundert Dollar oder mehr bezahlt hatte, verschaffte ihm eine seltene Befriedigung. Eines Jahres nahm er in seiner Unschuld einige seiner Zuchtschafe mit zum Staatsjahrmarkt in Syracuse, ohne zu wissen, dass ein unbekannter Außenseiter bei einer solchen Gelegenheit überhaupt keine Chance hatte.

Hiram musste immer irgendein Spielzeug haben. Obwohl er kein Jäger und kein guter Schütze war, besaß er im Laufe seines Lebens mehrere tolle Gewehre. Als er einmal nach Washington kam, um mich zu besuchen, brachte er sein Gewehr mit und trug die Waffe in der Hand oder auf der Schulter. Das war bloß die Laune eines Jungen, der sein Spielzeug gern mitnimmt. Hiram war sicher nicht gekommen, um die Stadt „auf die Schießereien vorzubereiten". Anfang der 60er Jahre ließ er sich ein 50-Dollar-Gewehr von einem berühmten Gewehrhersteller in Utica bauen. Es gab dabei ein Problem oder Missverständnis, und Hiram machte die Reise nach Utica zu Fuß. Ich war in jenem Sommer zu Hause und ich erinnere mich, wie er sich an einem Junitag in einem schwarzen Mantel auf den Weg machte, um sich nach seinem Lieblingsgewehr umzusehen. Natürlich wurde nichts daraus. Der Gewehrhersteller hatte Hirams Geld und vertröstete ihn mit guten Worten; dann passierte etwas, und Hiram bekam das Gewehr nie in die Hände.

Ein weiteres Spielzeug von ihm war eine Pauke, mit der er sich viele Saisons lang in der Sommerdämmerung vergnügte. Dann bekam er eine Basstrommel, die Curtis zu spielen lernte, und ein sehr kriegerischer Klang erklang oft aus dem friedlichen alten Gehöft. Als ich verheiratet war und in der Oktoberdämmerung mit meiner Frau nach Hause fuhr, begann die Kriegsmusik, sobald wir das Haus in Sichtweite hatten . Zu Beginn des Bürgerkriegs sprach Hiram ernsthaft davon, sich als Trommler zu melden, aber Vater und Mutter rieten ihm davon ab. Ich kann mir vorstellen, was für ein elender Junge mit Heimweh aus ihm geworden wäre, bevor eine Woche vergangen war. Viele Jahre lang wurde er von dem Wunsch heimgesucht, nach Westen zu gehen, und redete sich wirklich ein, dass er im nächsten oder übernächsten Monat gehen würde. Er bewahrte seinen Koffer mehr als ein Jahr lang gepackt unter seinem Bett auf, um bereit zu sein, wenn der Drang stark genug wurde. Eines Herbsts wurde er stark genug, um ihn loszureißen, und trug ihn bis nach White Pigeon, Michigan, wo er strandete. Nachdem er einen dort lebenden Cousin besucht hatte , kam er zurück, und von da an nahm sein westliches Fieber nur noch eine leichte, chronische Form an.

Ich erzähle Ihnen all diese Dinge über Hiram, weil ich ein Stück aus demselben Holz geschnitzt bin und mich in ihm wiedererkenne. Seine eitlen

Reuegefühle, seine wirkungslosen Vorsätze, seine Tagträume und seine Spielsachen – kenne ich sie nicht alle? – nur die Natur war in gewisser Weise etwas großzügiger mit mir und ließ viele meiner Träume wahr werden. Der liebe Bruder! – er stand neben Vater und Mutter für mich. Wie oft bahnte er mir den Weg durch den Winterschnee auf dem langen Schulweg! Wie treu schrieb er mir und besuchte mich, wo immer ich war, nachdem ich von zu Hause weggegangen war! Wie sehr sehnte er sich danach, meinem Beispiel zu folgen und von dem alten Ort wegzubrechen, aber er konnte nie seinen Mut bis zum Äußersten aufbringen! Er las nie eines meiner Bücher, aber er freute sich über all das Glück, das ich hatte. Als ich einmal in der Schule war und knapp bei Kasse war, schickte mir Hiram eine kleine Summe, die Vater nicht schicken konnte oder wollte. Später im Leben bekam er es vielfach zurück – und was für eine Genugtuung war es für mich, ihm so etwas zurückzugeben!

Hiram war immer ein Kind, er ist nie erwachsen geworden, was mehr oder weniger auf uns alle zutrifft, und auch auf Vater. Ich war ein Sonderling, aber ich teilte alle familiären Schwächen. Tatsächlich war ich im Leben immer ein Sonderling unter den meisten meiner menschlichen Verwandten. Bringen Sie mich in eine gemischte Gesellschaft von Menschen, und ich trenne mich von ihnen oder sie von mir wie Öl vom Wasser. Ich mische mich nicht gerne unter meine Mitmenschen. Ich bin mir nicht bewusst, dass ich mich in meine Schale zurückziehe, wie man so schön sagt, aber ich bin mir einer gewissen Belastung bewusst, die von den Menschen um mich herum auf mich ausgeübt wird. Ich nehme an, meine Schale oder meine Haut ist zu dünn. Burbank experimentierte mit Walnüssen, um eine mit dünner Schale herzustellen, bis er schließlich eine mit einer so dünnen Schale herstellte, dass die Vögel sie auffraßen. Nun, die Vögel fressen mich aus demselben Grund auf, wenn ich nicht aufpasse. Ich bin gesellig, aber nicht gesellig. Ich bin kein Klubmensch, ich rauche nicht, erzähle keine Geschichten, trinke nicht, streite nicht und mache keine langen Stunden. Normalerweise bin ich so einsam wie ein Raubvogel, obwohl ich aus diesem Grund nicht traue. Ich lasse mich so gern von meinen eigenen Gedanken treiben. Ich komme besser mit Bauern, Arbeitern und Landleuten zurecht als mit Fachleuten oder Geschäftsleuten. Gleich und gleich gesellt sich gern, und wenn wir uns in unserer Gesellschaft nicht wohl fühlen , können wir sicher sein, dass wir im falschen Schwarm sind. Als wir einmal den Kontinent überquerten, stieg an einem Bahnhof in Minnesota ein graubärtiger Mann, der aussah wie ein Bauer, in den Zug und begann sich gespannt im Zug umzusehen, als ob er sehen wollte, in was für einer Gesellschaft er sich befand. Nach einer Weile fiel sein Blick auf mich am anderen Ende des Waggons. Nach ein paar Minuten kam er zu mir herüber, setzte sich neben mich und begann mir seine Geschichte zu erzählen. Er war als junger Mann aus Deutschland gekommen und hatte 50 Jahre auf einer Farm in Minnesota gelebt, und jetzt reiste er zurück, um sein Geburtsland zu besuchen. Er war wohlhabend geworden und hatte seinen Söhnen die Verantwortung für seine Farm überlassen. Was für ein Aussehen er hatte wie ein Junge, der gerade die Schule verlassen hatte! Das Abenteuer erwärmte sein Blut; er fuhr nach Hause und wollte jemanden, dem er die gute Nachricht überbringen konnte. Ich war wahrscheinlich der einzige echte Landsmann im Wagen, und er erkannte mich sofort. Ein Hauch von Ländlichkeit umgab uns beide und brachte uns zusammen. Ich hatte das Gefühl, er hätte mir unfreiwillig ein Kompliment gemacht. Wie unkompliziert und mitteilsam er war! So sehr, dass ich es mir zur Aufgabe machte, ihn vor den Männern zu warnen, denen er in New York begegnen könnte. Ich würde gern wissen, ob er sicher in der Heimat angekommen und auf seine Farm in Minnesota zurückgekehrt ist.

Als ich ein Junge von sechs oder sieben Jahren war, kam ein Quacksalber, ein Phrenologe, zu uns nach Hause und Vater behielt ihn über Nacht. Am Morgen betastete er uns alle, um seine Unterkunft und sein Frühstück zu bezahlen. Als er zu mir kam, wurde er, wie ich mich erinnere, ganz begeistert. „Dieser Junge wird ein reicher Mann sein", sagte er. „Er ist besser als alle anderen ." Und er schwärmte von dem großen Reichtum, den ich anhäufen würde. Den Rest habe ich vergessen; aber dass meine Beulen unter den Fingern des Quacksalbers Goldklumpen waren, das habe ich nicht vergessen. Die Prophezeiung traf nie ein, obwohl ich mehr Geld verdiente als jeder andere in der Familie. Drei meiner Brüder waren zumindest aus geschäftlicher Sicht nicht erfolgreich, und obwohl ich selbst bei jedem Geschäftsvorhaben, das ich je unternahm, gescheitert bin – angefangen mit meinem ersten Spekulationsversuch irgendwann in den vierziger Jahren, als ich an einem Märzmorgen den voraussichtlichen Saft von Curtis' zwei Ahornbäumen für vier Cent kaufte –, war ich aus Sicht des Broterwerbs doch einigermaßen erfolgreich. Vater schätzte mich weniger als die anderen Jungen – hauptsächlich, nehme ich an, wegen meiner frühen Vorliebe für Bücher; daher war es für mich eine tiefe Genugtuung, dass ich, als seine anderen Söhne ihn im Stich gelassen und die alte Farm mit Schulden belastet hatten, zurückkommen und die Schuldenlast auf mich nehmen und die Farm davor bewahren konnte, in fremde Hände zu fallen. Aber es war mein Glück, eine Art konstitutionelles Glück und nicht irgendein Geschäftstalent, das mir dies ermöglichte. Ich erinnerte mich an die Vorhersage des alten Quacksalbers und Phrenologen und träumte als Junge davon, besonders einmal, als ich an einem strahlenden Apriltag die Saftkessel im Zuckerwald pflegte, großen Reichtum zu erlangen und in imposantem Stil nach Hause zu kommen und die Eingeborenen mit meiner Zurschaustellung zu überraschen. Wie sehr unterschied sich die Realität vom Traum des Jungen! Ich kam tatsächlich mit ein paar Tausend Dollar in der Tasche (auf meinem Bankbuch) zurück, traurig und bedrückt, eher wie ein Pilger auf Buße als wie ein Eroberer, der von seinen Siegen zurückkehrt. Aber wir haben den alten

Bauernhof behalten, und wie Sie wissen, spielt er immer noch eine wichtige Rolle in meinem Leben, obwohl ich den Besitztitel vor vielen Jahren an meinen Bruder weitergegeben habe. Es ist mein einziges Zuhause, andere Häuser, die ich hatte, waren bloße Campingplätze für einen Tag und eine Nacht. Aber der Reichtum, den meine Beulen anzeigten, erwies sich als sehr schattenhaft und unkommerziell, aber von einer Art, die Diebe nicht stehlen oder in Panik stören können.

Ich erinnere mich noch an meinen ersten Schultag, wahrscheinlich in der fünften Klasse. Es war das alte Schulhaus aus Stein, ungefähr anderthalb Meilen von zu Hause entfernt. Ich erinnere mich noch genau an den Anzug, den meine Mutter für diesen Anlass aus gestreiftem Baumwollstoff genäht hatte, mit einem Paar kleiner Klappen oder Hundeohren auf meinen Schultern, die beim Laufen hin und her flatterten. Ich begleitete Olly Ann, meine älteste Schwester. Bei jedem der vier Häuser, an denen wir vorbeikamen, fragte ich: „Wer wohnt da?" Ich kann mich nicht erinnern, was in diesen ersten Tagen in der Schule passierte, aber ich weiß noch, dass ich bald darauf mit dem Alphabet zu kämpfen hatte; die Buchstaben waren in einer Spalte angeordnet, zuerst die Vokale, dann a, e, i , o, u und dann die Konsonanten. Die Lehrerin rief uns drei- oder viermal am Tag zu ihrem Stuhl, schlug das Buch mit den Cobb-Buchstabieraufgaben auf, zeigte auf die Buchstaben nacheinander und bat mich, sie zu benennen, und hämmerte sie mir so ein. Ich erinnere mich, dass einer der Jungen, der älter war als ich, Hen Meeker, einmal bei „e" hängen blieb. „Ich wette, der kleine Johnny Burris kann sagen, was das für ein Buchstabe ist. Komm herauf, Johnny." Ich ging hinauf und antwortete prompt, zu Hens Demütigung, „e". „Ich hab's dir ja gesagt", sagte die Schullehrerin . Wie lange ich brauchte, um das Alphabet auf diese willkürliche Weise zu lernen, weiß ich nicht. Aber ich erinnere mich, dass ich mich an das A, B und Abs wagte und langsam diese kurzen Spalten meisterte. Ich erinnere mich auch, dass ich mich unter den Tisch kniete und die nackten Knöchel der großen Mädchen kitzelte, die auf dem Platz vor mir saßen.

Die Sommertage waren lang und kleine Jungen mussten auf den harten Sitzen sitzen und ruhig sein und durften nur zur regulären Pause rausgehen. Der Sitz, auf dem ich saß, war eine Platte, deren flache Seite nach oben gedreht war und auf vier Beinen ruhte, die aus einem jungen Baum geschnitten waren. Meine Füße berührten den Boden nicht und ich nehme an, dass ich sehr müde wurde. Eines Nachmittags überkam mich die Vergessenheit des Schlafes und als ich wieder zu Bewusstsein kam , lag ich im Haus eines Nachbarn auf einem Sofa und der „Geruch von Kampfer durchdrang das Zimmer". Ich war rückwärts vom Sitz gefallen und mit dem Kopf auf die hervorstehenden Steine der unverputzten Wand hinter mir gestoßen und hatte ein Loch hineingerissen, und ich nehme an, dass ich für den Moment meinen kindlichen Verstand effektiv zerstreut hatte. Aber Mrs. Reed war ein mütterlicher Körper und tröstete mich mit Blumen und Süßigkeiten und badete meine Wunden mit Kampfer und ich nehme an, dass der kleine Johnny bald wieder er selbst war. Ich habe mich oft gefragt, ob eine kleine knöcherne Ausstülpung an meinem Hinterkopf von diesem Zusammenstoß mit dem alten steinernen Schulhaus stammte.

Eine weitere frühe Erinnerung, die mit dem alten Schulhaus aus Stein verbunden ist, ist die, wie Hiram im Sommer mittags Fische in einem Eimer hinter der Getreidemühle des alten Jonas More fing und sie in die Schlaglöcher in den roten Sandsteinfelsen steckte, damit sie dort blieben, bis wir abends nach Hause gingen. Dann nahm er sie in seinem Essenseimer und legte sie in seinen Teich unten auf der Weide. Ich vermute, dass auf diese Weise die Döbel in den Forellenbach von West Settlement eingeführt wurden. Die Fische schwammen in den Schlaglöchern herum und suchten nach einem Fluchtweg. Ich steckte meinen Finger ins Wasser, zog ihn aber schnell wieder zurück, wenn die Fische vorbeikamen. Ich hatte Angst vor ihnen. Aber vorher wurde ich einmal von einem hoch fliegenden Habicht in Panik versetzt. Ich habe Ihnen wahrscheinlich schon erzählt, wie ich eines Sommertages, als ich die Straße entlang auf den sogenannten großen Hügel ging, zum Himmel blickte und einen großen Habicht sah, der seine großen Kreise um mich herum beschrieb. Plötzlich überkam mich eine Angst, und ich suchte Zuflucht hinter der Steinmauer. Noch früher in meiner Laufbahn erlebte ich weiter unten auf dieser Straße meine erste Panik. Ich glaube, ich war gerade zu meiner ersten Reise aufgebrochen, um die Welt zu erkunden, als ich, als ich schon ein gutes Stück die Deacon Road am Waldrand entlang zurückblickte, sah, wie weit ich von zu Hause entfernt war, und plötzlich von Bestürzung erfasst wurde. Ich drehte mich um und rannte so schnell ich konnte zurück. Ich habe gesehen, wie ein junges Rotkehlchen dasselbe tat, als es etwa einen Meter weit auf dem Ast von seinem Nest weggewandert war.

Ich habe in dem alten Schulhaus aus Stein nur das ABC gelernt. Ein oder zwei Jahre später wurden wir in den Bezirk West Settlement geschickt, und ich ging in ein kleines, ungestrichenes Schulhaus, das auf der einen Seite von einem Bach durchflossen war und auf der anderen Seite direkt auf die Straße hinausführte. Auch das war etwa anderthalb Meilen von zu Hause entfernt, im Sommer eine einfache, abenteuerliche Reise mit den vielen Verlockungen von Feldern, Bächen und Wäldern, aber im Winter oft ein Kampf mit Schnee und Kälte. Im Winter mussten wir viele Wege überqueren, und meine älteren Brüder bahnten sich einen Weg durch die Felder und Wälder. Wie die Spuren im Schnee — Eichhörnchen, Hasen, Stinktiere, Füchse — meine Neugier weckten! Und die Reihe von Felsvorsprüngen links im Wald, wo Bruder Wilson Fallen für Stinktiere und Waschbären aufstellte — wie sie meine

Fantasie heimsuchten, als ich sie flüchtig erblickte, während ich auf unserem schmalen Pfad dahinstapfte! An einem milden Wintermorgen, ich war inzwischen ein Junge von zwölf oder dreizehn Jahren, hatten mein jüngerer Bruder und ich ein Abenteuer mit einem Hasen. Er saß in seiner Gestalt im tiefen Schnee zwischen den Wurzeln eines Ahornbaums, der neben dem Weg stand. Wir waren schon fast bei ihm, als wir ihn entdeckten. Da er sich nicht bewegte, zog ich mich ein paar Meter zu einer Steinmauer zurück und bewaffnete mich mit einem faustgroßen Felsbrocken. Als ich zurückkam, ließ ich los, sicher, was ich wollte, aber ich verfehlte ihn um einen halben Meter, und der Hase sprang über die Mauer ins Freie und in die eine Viertelmeile entfernten Hemlocktannen. Ein Hase in seiner Gestalt, der nur drei Meter entfernt ist, wird nicht so leicht zu einem Hasen in der Hand. Dieser Wunsch des Bauernjungen, jedes wilde Tier zu töten, das er sah, war zu meiner Zeit weit verbreitet. Ich glaube, dass sich die Dinge in dieser Hinsicht seitdem geändert haben.

In der kleinen alten Schule hatte ich viele Lehrer, Bill Bouton, Bill Allaben , Taylor Grant, Jason Powell, Rossetti Cole, Rebecca Scudder und andere. Ich kam gut mit Dayballs Arithmetik und Olneys Geographie zurecht und las Halls Geschichte der Vereinigten Staaten – durch Letzteres wurde ich mit den Indianerkriegen, dem französischen Krieg und der Revolution vertraut. Einige Bücher in der Bezirksbibliothek zogen mich ebenfalls an. Ich glaube, ich war der einzige in der Familie, der Bücher aus der Bibliothek auslieh. Ich erinnere mich besonders an „Murphy, der Indianermörder" und „Das Leben von Washington". Letzteres nahm mich gefangen; ich erinnere mich, wie ich an einem Sommersonntag, als ich mit meinen älteren Brüdern durch das Haus spielte, anhielt, um eine bestimmte Passage daraus laut vorzulesen, und dass es mich so bewegte, dass ich nicht wusste, ob ich im Körper war oder nicht. Viele Male las ich diese Passage und jedes Mal wurde ich sozusagen von einer Welle der Emotionen überwältigt. Ich erwähne eine so unbedeutende Angelegenheit nur, um zu zeigen, wie empfänglich ich schon in jungen Jahren für Literatur war. Ich sollte diese Aussage vielleicht durch einige andere Tatsachen abmildern, die keineswegs so schmeichelhaft sind. Es gab eine Zeit in meiner späten Kindheit, als komische Liederbücher, meist von der Sorte Negro Minstrely , mein Verlangen nach poetischer Literatur befriedigten. Ich lernte die Lieder auswendig und erfand und improvisierte Melodien dafür. Bis heute kann ich einige dieser üblen Negro-Lieder nachsprechen.

Meine Vorliebe für Bücher begann schon früh, aber meine Vorliebe für gute Literatur entwickelte sich erst viel später und langsam. Mein Interesse an theologischen und wissenschaftlichen Fragen ging meiner Liebe zur Literatur voraus. In der zweiten Hälfte meiner Teenagerjahre interessierte ich mich sehr für Phrenologie und besaß ein Exemplar von Spurzheims

„Phrenologie" und von Combs „Die Verfassung des Menschen". Ich abonnierte auch Fowlers *Phrenological Journal* und akzeptierte jahrelang die eigene Einschätzung der Phrenologen zum Wert ihrer Wissenschaft. Und ich sehe noch immer einige allgemeine Wahrheiten darin. Die Größe und Form des Gehirns geben sicherlich Hinweise auf den Geist im Inneren, aber seine Unterteilung in viele Beulen oder zahlreiche kleine Bereiche wie ein Gartengrundstück, von denen jeder eine andere Ernte hervorbringt, ist absurd. Bestimmte Körperfunktionen sind im Gehirn lokalisiert, aber nicht unsere geistigen und emotionalen Eigenschaften – Verehrung, Selbstwertgefühl, Erhabenheit – diese sind Eigenschaften des Geistes als Einheit.

Zeilen schreibe, versuche ich herauszufinden, worin ich mich von meinen Brüdern und anderen Jungen in meinem Bekanntenkreis unterschied. Ich hatte auf jeden Fall ein lebhafteres Interesse an Dingen und Ereignissen um mich herum. Als Mr. McLaurie vorschlug, im Dorf eine Akademie zu gründen, und dorthin kam, um den Puls der Menschen zu fühlen und über das Thema zu sprechen , war ich, glaube ich, der einzige Junge in seinem Publikum. Ich war wahrscheinlich zehn oder zwölf Jahre alt. An einem Punkt seiner Ansprache hatte der Redner Gelegenheit, mich zu verwenden, um seinen Standpunkt zu verdeutlichen: „Ungefähr so groß wie der Junge dort", sagte er und zeigte auf mich, und mein Gesicht errötete vor Verlegenheit. Die Akademie wurde gegründet und ich hoffte, sie in ein paar Jahren besuchen zu können. Aber der Zeitpunkt, an dem Vater sich durchsetzen konnte, um mich dorthin zu schicken, kam nie. Eines Jahres, als ich fünfzehn oder sechzehn war, beschloss ich, in Harpersfield auf die Schule zu gehen . Ein Junge, den ich im Dorf kannte, besuchte diese Schule und ich wollte ihn begleiten. Vater sprach ermutigend und stellte mir die Schule als mögliche Belohnung in Aussicht, wenn ich dabei half, die Arbeit auf dem Bauernhof voranzutreiben. Das tat ich, und zum ersten Mal ging ich mit dem Gespann aufs Feld und pflügte und „brachte" eine der Haferstoppelparzellen im Sommer. Ich folgte dem Pflug in diesen Septembertagen und träumte von der Harpersfield Academy, aber die Realität kam nie. Nachdem ich mit dem Pflügen fertig war, kam Vater zu dem Schluss, dass er es sich nicht leisten konnte. Butter war knapp und er hatte zu viele andere Möglichkeiten, sein Geld auszugeben. Ich halte es für durchaus möglich, dass meine Träume mir das Beste gaben, was es in Harpersfield gab – ein würdiges Streben geht nie verloren. All diese Dinge unterscheiden mich von meinen Brüdern.

Etwa zur gleichen Zeit zeigte sich auch mein Interesse an theologischen Fragen. Ein Wanderdozent mit glatter, gewandter Zunge kam ins Dorf und brachte neue Ideen über die Unsterblichkeit der Seele mit, die die wörtliche Wahrheit des Textes „Die Seele, die sündigt , soll sterben" annahmen. Ich nahm an den Versammlungen teil und machte mir Notizen von den schlagfertigen Reden des Redners. Ich erinnere mich deutlich, dass ich das Wort „ Enzyklopädie " zum ersten Mal aus seinem Mund hörte. Wenn er zur Bestätigung einer Aussage die „ Encyclopaedia Britannica" zitierte , zweifelte ich nicht an deren Wahrheit und beschloss, mir dieses Buch irgendwann einmal zu besorgen. Ich habe noch immer diese Notizen und Referenzen, die ich mir vor sechzig Jahren gemacht habe.

In einem viel früheren Stadium meiner geistigen Entwicklung hatte ich eine Leidenschaft für das Zeichnen, aber da ich sie völlig ungelenkt ließ, war das nur eine Papierverschwendung. Ich wollte laufen, bevor ich kriechen konnte, malen, bevor ich zeichnen konnte, und ich besorgte mir einen Kasten billiger Wasserfarben und gab meinen rohen künstlerischen Instinkten nach. Mein ehrgeizigstes Werk war ein Bild von General Winfield Scott, der neben seinem Pferd und einem Artilleriegeschütz steht, das ich von einem Druck kopierte. Es war natürlich eine schreckliche Schmiererei, aber in Verbindung damit hörte ich zum ersten Mal ein neues Wort – das Wort „Geschmack" in seiner ästhetischen Bedeutung. Eine der Nachbarinnen kam zu Besuch und sagte, als sie mein Bild sah, zu Mutter: „Was für einen Geschmack dieser Junge hat." Diese Anwendung des Wortes machte bei mir einen Eindruck, den ich nie vergessen habe.

Ungefähr zu dieser Zeit hörte ich ein weiteres neues Wort. Wir arbeiteten an der Straße, und ich arbeitete mit meiner Hacke neben einem alten Quäkerbauern, David Corbin, der früher Schullehrer war. Ein großer flacher Stein wurde umgedreht, und darunter lagen in ordentlicher Anordnung einige kleinere Steine. „Hier sind einige Antiquitäten", sagte Mr. Corbin, und mein Wortschatz wurde um eine weitere erweitert. Ein neues Wort oder eine neue Sache prägte sich sehr leicht in mein Gedächtnis ein. Ich habe an anderer Stelle erzählt, was für eine Offenbarung es für mich war, als ich zum ersten Mal einen der Waldsänger sah, den Schwarzkehl-Blaurücken, der mir eine Welt des Vogellebens offenbarte, von der ich nie geträumt hatte, das Vogelleben im tiefsten Herzen des Waldes. Meine Brüder und andere Jungen waren bei mir, aber sie sahen den neuen Vogel nicht. Auch das erste Mal, als ich die Veery oder Wilsondrossel sah, ist mir in Erinnerung geblieben. Sie ließ sich auf der Straße vor uns am Waldrand nieder. „Eine Braundrossel", sagte Bill Chase. Es war zwar nicht die Spottdrossel, aber es war ein neuer Vogel für mich und das Bild von ihm ist in meinem Kopf, als wäre es erst gestern entstanden. Naturgeschichte war ein Thema, das ich in meiner Kindheit nicht kannte, und so etwas wie Naturkunde in den Schulen war natürlich unbekannt. Unsere Naturgeschichte lernten wir unbewusst beim Mittagssport oder auf dem Weg zur und von der Schule oder bei unseren Sonntagsausflügen zu den Flüssen und in die Wälder. Wir lernten viel über die Lebensweise von Füchsen und Waldmurmeltieren und Waschbären und Stinktieren und Eichhörnchen, indem wir sie jagten. Auch das Rebhuhn und die Krähen, Falken und Eulen sowie die Singvögel der Felder und Obstgärten treten alle in das Leben des Bauernjungen ein. Ich wurde früh mit den Gesängen und Gewohnheiten aller gängigen Vögel vertraut und mit Feldmäusen und Fröschen, Kröten, Eidechsen und Schlangen. Auch mit den wilden Bienen und Wespen. Eine Saison lang sammelte ich Hummelhonig, studierte die Gewohnheiten von fünf oder sechs verschiedenen Arten und durchsuchte ihre Nester. Ich bewahrte meinen Vorrat an Hummelhonig auf dem Dachboden auf, wo ich eine kleine Schachtel mit Waben und eine große Phiole mit Honig hatte. Wie gut lernte ich die unterschiedlichen Wesen der verschiedenen Arten kennen – die kleine Rothemdhummel, die ihr Nest in einem Loch im Boden baute; die kleine Schwarzhemdhummel, die große Schwarzhemdhummel, die Gelbhalshummel, die Schwarzgebänderte usw., die ihre Nester in alten Mäusenestern auf der Wiese oder in der Scheune und an anderen Orten bauten. Wenn ich die Kühe nachts auf die Weide trieb, beobachtete und umwarb ich die kleinen pfeifenden Frösche in den Frühlingssümpfen, bis sie sich in meine offene Hand setzten und pfiffen. Ich kroch auf Händen und Knien durch den Wald, um das Rebhuhn beim Trommeln zu beobachten. Ich beobachtete die Schlammwespen beim Nestbau auf dem alten Dachboden und bemerkte ihr klagendes Geschrei, während sie den Schlamm drückten. Ich bemerkte dasselbe klagende Geschrei der Bienen, als sie an der Blüte der purpurnen Himbeere arbeiteten, die wir „Scotch Caps" nannten. Ich versuchte, Füchse zu fangen und lernte bald, wie weit die Schlauheit der Füchse meine übertraf. Meine erste Lektion in Tierpsychologie bekam ich von dem alten Nat Higby, als er eines Wintertages auf einem Pferd vorbeiritt, seine riesigen Füße trafen sich fast unter dem Pferd, gerade als ein Jagdhund einen Fuchs über unser oberes Berggrundstück trieb. „Mein Junge", sagte er, „der Fuchs rennt vielleicht so schnell er kann, aber wenn du hinter dem großen Felsen neben seinem Weg stehst und beim Vorbeikommen herausspringst und ,Hallo' rufst, würde er schneller rennen." Das war der Winter, als ich in meiner Fantasie einen Strom von Silberdollars auf mich zukommen sah, von den Rotfüchsen, denen ich ihr Fell nehmen wollte, wenn sie es am meisten brauchten. Ich habe an anderer Stelle von meinen Erfahrungen mit dem Fallenstellen und meinen völligen Misserfolgen berichtet.

Ich wurde am 3. April 1837 in Roxbury, NY, geboren. Mindestens zwei weitere bedeutende amerikanische Autoren wurden am 3. April geboren – Washington Irving und Edward Everett Hale. Letzterer schrieb mir einmal einen Geburtstagsbrief, in dem er unter anderem schrieb: „Ich habe in meinen Tagebüchern nachgesehen, was ich an dem Tag gemacht habe, als du geboren wurdest. Ich habe festgestellt, dass ich am Harvard College eine Prüfung in Logik abgelegt habe." Der einzige andere amerikanische Autor, der 1837 geboren wurde, ist William Dean Howells, der im März desselben Jahres in Ohio geboren wurde.

Ich war der Sohn eines Bauern, der der Sohn eines Bauern war, der wiederum der Sohn eines Bauern war. Seit mehreren Generationen gibt es in meiner Linie keine Akademiker oder Kaufleute, mein Blut hat den Geschmack der Erde in sich; es ist bis zum letzten Tropfen ländlich. Ich kann in diesem Land keine Stadtbewohner in meiner Linie finden. Der Stamm der Burroughs bestand, soweit ich irgendwelche Berichte über sie finden kann, hauptsächlich aus Landleuten und Ackerbauern. Der Reverend George Burroughs, der 1694 in Salem, Mass., als Hexer gehängt wurde, könnte zur Familie gehört haben, obwohl ich dafür keine Beweise finden kann. Ich wollte es glauben und besuchte 1898 Salem und Gallows Hill, um den Ort zu sehen, an dem er, das letzte Opfer des Hexenwahns, seinem Leben ein Ende setzte. Es besteht kein Zweifel, dass der abtrünnige Prediger Stephen Burroughs, der viele Predigten seines Vaters stahl und sich um 1720 auf eigene Faust als Prediger und Fälscher betätigte, ein Cousin dritten oder vierten Grades meines Vaters war.

Bauern mit einer ausgesprochen religiösen Neigung trugen die Hauptelemente meiner Persönlichkeit bei. Ich war ein durch und durch bodenständiger Landsmann, ja, mehr noch, durch und durch, und mein Charakter ist von Grund auf ehrfürchtig und religiös. Die Religion meiner Väter machte in mir eine Art Metamorphose durch und wurde zu etwas, das ihnen zwar wie blanker Atheismus vorgekommen wäre, das aber dennoch die Essenz wahrer Religion enthielt – Liebe, Ehrfurcht, Staunen, Weltfremdheit und Hingabe an die ideale Wahrheit –, aber in keiner Weise mit Kirche oder Glaubensbekenntnis identifiziert wurde.

Ich hatte immer das Gefühl, dass mein religiöses Temperament ebenso eindeutig auf den strengen Calvinismus meiner Väter zurückzuführen war wie der geschichtete Sandstein auf den alten Granitfelsen, dass es jedoch wie der Sandstein einen grundlegenden Wandel durchgemacht hatte, oder in meinem Fall einen wissenschaftlichen Wandel durch die Aktivität des Geistes und des Zeitalters, in dem ich lebte. Es war Rationalismus, der von Mystizismus und poetischer Emotion durchdrungen war.

Mein Großvater und Urgroßvater väterlicherseits kamen gegen Ende der Revolution aus der Nähe von Bridgeport in Connecticut und ließen sich in Stamford, Delaware County, New York, nieder. Kapitän Stephen Burroughs aus Bridgeport, ein Mathematiker und zu seiner Zeit ein bedeutender Mann, war Vaters Großonkel. Vater pflegte zu sagen, sein Onkel Stephen könne ein Schiff bauen und damit um die Welt segeln. Der Familienname ist in und um Bridgeport noch immer weit verbreitet. Der erste John Burroughs, von dem ich Aufzeichnungen finden kann, kam aus Westindien in dieses Land und ließ sich um 1690 in Stratford, Connecticut, nieder. Er hatte zehn Kinder, und zehn Kinder pro Familie waren bis zu meinem eigenen Vater die Regel. Als wir eines Oktobers mit einem kleinen Motorboot auf dem Long Island

Sound unterwegs waren, zwang uns schlechtes Wetter, im Hafen von Black Rock , einem Stadtteil von Bridgeport, Schutz zu suchen. Am Morgen gingen wir an Land, und als wir eine Straße hinaufgingen und nach der Straßenbahnlinie suchten, die uns in die Stadt bringen sollte, sahen wir ein großes Backsteingebäude mit der Aufschrift „Das Burroughs-Haus". Ich wollte hineingehen und seine Gastfreundschaft in Anspruch nehmen – nach unserer harten Erfahrung auf dem Sund waren sein Aussehen und sein Name besonders einladend. Ein Nachfahre von Captain Stephen Burroughs war wahrscheinlich sein Gründer.

Mein Urgroßvater Ephraim starb, glaube ich, 1818 und wurde in der Stadt Stamford auf einem Feld begraben, das heute kultiviert wird. Mein Großvater Eden Burroughs starb 1842 im Alter von 72 Jahren in Roxbury und mein Vater Chauncey A. Burroughs 1884 im Alter von 81 Jahren.

Mein Großvater mütterlicherseits, Edmund Kelly, war Ire, wurde jedoch um 1765 in diesem Land geboren. Seiner irischen Abstammung verdanke ich viele meiner keltischen Eigenschaften – mein ausgesprochen weibliches Temperament. Ich hatte immer das Gefühl, eher ein Kelly als ein Burroughs zu sein. Großvater Kelly war ein kleiner Mann mit großem Kopf und ausgeprägten irischen Gesichtszügen. Er trat als kleiner Junge in die Kontinentalarmee ein und verrichtete dort eine untergeordnete Tätigkeit, doch kurz vor seinem Ende trug er in den Reihen eine Muskete. Er war mit Washington in Valley Forge und hatte viele Geschichten über ihre Strapazen zu erzählen. Als ich mich zum ersten Mal an ihn erinnere, war er über 75 Jahre alt – ein kleiner Mann in einem blauen Mantel mit Messingknöpfen. Er und Oma kamen ein- oder zweimal im Jahr für jeweils eine oder zwei Wochen zu uns nach Hause. Ihr ständiges Zuhause war bei Onkel Martin Kelly in Red Kill, acht Meilen entfernt. Ich erinnere mich an ihn als großartigen Angler. Wie oft habe ich ihn an Mai- oder Junimorgen gleich nach dem Frühstück Würmer ausgraben und sich zum Angeln in Montgomery Hollow oder drüben in Meeker's Hollow oder drüben in West Settlement fertigmachen sehen! Man konnte sich immer darauf verlassen, dass er eine schöne Reihe Forellen nach Hause brachte. Gelegentlich durfte ich mit ihm gehen. Wie flink er ging, selbst als er über achtzig war, und wie geschickt er die Forellen fing! Ich war selbst schon vor meinem zehnten Lebensjahr Angler, aber Großvater fing Forellen an Stellen im Fluss, wo ich es nicht für lohnend hielt, meine Angel auszuwerfen. Aber ich fischte nie, wenn ich mit ihm ging, ich trug die Fische und beobachtete ihn. Der Heimweg, oft zwei oder drei Meilen, war eine Strapaze für meine jungen Beine, aber Großvater zeigte kaum Müdigkeit, und ich weiß, dass er nicht den Heißhunger hatte, den ich immer hatte, wenn ich angeln ging, so sehr, dass ich immer dachte, in dieser Hinsicht sei das Angeln etwas Besonderes. Eine Stunde an den Forellenbächen machte mich hungriger als ein halber

Tag Maishacken oder Straßenarbeit – ein besonders wildes, alles verschlingendes Verlangen nach Nahrung, so dass ein Stück Roggenbrot mit Butter das Köstlichste auf der Welt war. Ich erinnere mich, wie mein Cousin und ich uns an einem Junitag, als wir etwa sieben oder acht Jahre alt waren, auf den Weg nach Meeker's Hollow machten, um Forellen zu fangen. Es war ein Weg von über drei Kilometern und über einen ziemlich steilen Hügel. Unser Mut hielt an, bis wir den Bach erreichten, aber wir waren zu hungrig zum Fischen; wir machten uns auf den Heimweg und ernährten uns von den Walderdbeeren auf den Weiden und Wiesen, die wir durchquerten, und sie hielten uns am Leben, bis wir zu Hause ankamen. Oh, dieser jugendliche Hunger am Forellenbach, gab es jemals etwas Vergleichbares auf der Welt!

Großvater Kelly war fast bis zu seinem Tod im Alter von 88 Jahren Fischer. Er besaß nur wenige Güter dieser Welt und wollte sie auch nicht. Sein einziges Laster war der Tabak, seine einzige Freizeitbeschäftigung war das Angeln und seine einzige Beschäftigung mit der Bibel. Wie lange und aufmerksam brütete er über dem Buch! – aber ich hörte ihn nie dazu Stellung nehmen oder eine religiöse Meinung oder Überzeugung äußern. Er glaubte an Hexen und Kobolde: Er hatte sie gesehen und erlebt und erzählte uns Geschichten, die uns fast Angst vor unserem eigenen Schatten machten. Meine eigene jugendliche Angst vor der Dunkelheit und vor dunklen Räumen, Nischen und Kellern selbst bei Tageslicht war ohne Zweifel größtenteils den markerschütternden Geschichten meines Großvaters geschuldet. Doch vielleicht irre ich mich, denn ich erinnere mich an ein furchtbares Erlebnis, das ich als Kind von drei oder vier Jahren hatte. Ich sehe mich mit einigen der anderen Kinder nachts in einer Ecke der alten Küche kauern, den Blick auf den schwarzen Spalt der offenen Tür des Schlafzimmers gerichtet, in dem mein Vater und meine Mutter wohnten. Sie waren abends ausgegangen, und wir warteten auf ihre Rückkehr. Die Qualen dieses Wartens werde ich nie vergessen. Ob die anderen Kinder meine Angst teilten oder nicht, weiß ich nicht mehr; wahrscheinlich taten sie es und übertrugen ihre Angst vielleicht auf mich. Ich konnte meine Augen nicht vom Eingang zu dieser schwarzen Höhle abwenden, obwohl ich keine Ahnung habe, was ich mir dort eingebildet haben mag, das mir wehtun könnte. Es war nur die ererbte Angst des Kindes vor der Dunkelheit, dem Unbekannten, dem Geheimnisvollen. Großvaters Geschichten verstärkten diese Angst zweifellos. Sie klammerte sich an mich, meine ganze Kindheit hindurch und bis zu meinem fünfzehnten oder sechzehnten Lebensjahr, und war um mein zwölftes und dreizehntes Lebensjahr besonders ausgeprägt. Die Straße durch den Wald in der Dämmerung, die Scheune, der Wagenschuppen, der Keller regten meine Fantasie an. Wenn ich im Dunkeln am Friedhof oben auf dem Hügel am Straßenrand vorbei musste, tat ich dies sehr vorsichtig. Ich hatte zu viel Angst, um wegzurennen, weil ich befürchtete, die Geister aller dort begrabenen Toten würden mir auf den Fersen sein.

Meine Liebe zum kontemplativen Leben und zur Natur habe ich wahrscheinlich eher von meiner Mutter als von meinem Vater. Meine Mutter hatte das Selbstbewusstsein der Kelten, mein Vater überhaupt nicht, obwohl er das keltische Temperament hatte: rote Haare und Sommersprossen! Der rothaarige, sommersprossige, kleine Mann mit der rauen Stimme machte viel Lärm auf dem Bauernhof – er schrie das Vieh an, schickte den Hund hinter den Kühen oder den Schweinen im Garten her, rief uns auf dem Feld seine Befehle zu oder rief seine Anweisungen für die Arbeit zurück, nachdem er sich auf den Weg zum Dorf Beaver Dam gemacht hatte. Aber sein Bellen war immer mehr zu fürchten als sein Biss. Er drohte laut, bestrafte aber milde oder gar nicht. Aber er verbesserte die Felder, er rodete die Wälder, er kämpfte mit Felsen und Steinen, er bezahlte seine Schulden und er hielt seinen Glauben. Er war kein Mann der Sentimentalität, obwohl er ein Mann des Gefühls war. Er war leicht zu Tränen gerührt und hatte starke religiöse Überzeugungen und Gefühle. Diesen Gefühlen machte er oft Luft, indem er in einem seltsamen, wogenden Singsangton sein Gesangbuch laut vorlas. Er wusste nichts von dem, was wir Liebe zur Natur nennen, und nach seiner Schulzeit hatte er den Büchern wenig oder gar nichts mehr zu verdanken. Normalerweise las er zwei Wochenzeitungen – eine Zeitung aus Albany oder New York und eine religiöse Zeitung namens *The Signs of the Times* , das Organ der Old School Baptist Church, deren Mitglied er war. Er fragte mich nie nach meinen eigenen Büchern, und ich bezweifle, dass er jemals eines davon gelesen hat. Wie weit entfernt waren meine Gedanken und Interessen von seinen eigenen! Von Literatur hatte er nie gehört, Wissenschaft und Philosophie waren ihm unbekannt. Religion (harter Prädestinationslehre), Politik (demokratisch) und Landwirtschaft nahmen all seine Gedanken und seine Zeit in Anspruch. Er hatte keine Lust zu reisen, er war kein Jäger oder Fischer, und die Schaustellungen und Eitelkeiten der Welt störten ihn nicht. Als ich anfing, mich nach Schule und Büchern zu sehnen , machte er sich Sorgen, ich könnte methodistischer Pfarrer werden – seine besondere Abneigung. Religion in so lockerer und umfassender Form wie die seiner methodistischen Nachbarn ließ seine Nasenflügel vor Verachtung weiten. Aber Literatur war ein Feind, von dem er nie gehört hatte. Ein Buchautor hatte in seiner Kategorie menschlicher Beschäftigungen keinen Platz; und einen Dichter hätte er wahrscheinlich auf die Stufe des Tanzmeisters gestellt. Doch später im Leben, als er mein Bild in einer Zeitschrift sah, soll er Tränen vergossen haben. Der arme Vater, sein Herz war weich, aber in Bezug auf so vieles, was die Welt erfüllt und bewegt, war sein Geist düster. Er war ein guter Bauer, ein hilfsbereiter Nachbar , ein hingebungsvoller Vater und Ehemann, und er erledigte die Arbeit in der Welt, die ihm zufiel, gut. Die Engstirnigkeit und Bigotterie seiner Klasse, Kirche und Zeit waren seine eigenen, aber auch ein rechtschaffener Charakter, bereitwilliger guter Wille und eine glühende religiöse Natur waren seine eigenen. Sein Herz war viel weicher als sein Glauben. Er mochte über die Religion oder Politik seines Nachbarn spotten , aber er war immer bereit, ihm zu helfen.

Meine früheste Erinnerung an ihn stammt aus einem Frühlingstag in meiner frühen Kindheit. Das „Arbeitsmädchen" hatte meinen Strohhut vom Mauerwerk auf die Straße geworfen. In meiner Trauer und Hilflosigkeit, sie zu bestrafen, wie sie es meiner Meinung nach verdiente, blickte ich hinauf zum Hügel oberhalb des Hauses und sah Vater mit einem Sack über der Brust, aus dem er Getreide säte, über den gepflügten Boden schreiten. Seine gemessenen Schritte, der weiße Sack und sein regelmäßig schwingender Arm bildeten ein Bild auf dem Hintergrund des roten Bodens, das zweifellos durch meinen aufgeregten Gemütszustand noch verstärkt wurde und sich unauslöschlich in mein Gedächtnis einprägte. Er schritt viele Jahre lang mit dem Sack um den Hals über diese Hügel und säte Getreide.

Ein anderes Frühlingsbild von ihm aus viel späteren Jahren, als ich ein erwachsener Mann war und zu Besuch zu Hause war, fällt mir ein. Ich sehe ihn hinter einem Pferdegespann, das an eine Egge gespannt ist, über ein gepflügtes Feld den Hafer einschleppen. Den ganzen Nachmittag geht er hin und her , der Staub wirbelt hinter ihm her und der Boden wird glatter, während er weiterarbeitet. Ich hatte wohl das Gefühl, dass ich seinen Platz hätte einnehmen sollen. Er brachte seine Ernte immer zur rechten Zeit ein und erntete sie zur rechten Zeit. Sein Hof war sein Königreich und er wollte kein anderes. Ich kann ihn sehen, wie er herumging, den Hund rief, das Vieh oder die Schafe oder die Männer bei der Feldarbeit anbrüllte, viel unnötigen Lärm machte, aber immer im Auge auf seine Ernte und das Wohl des Hofes. Er war ein Stubenhocker, hatte keine Reiselust, war wenig neugierig auf andere Länder, außer vielleicht auf die Länder der Bibel, und empfand eine ehrliche Verachtung für die Lebensweise und die Stadtmenschen. Er war so ungekünstelt wie ein Kind und fragte einen Mann nach seiner politischen Einstellung oder eine Frau nach ihrem Alter, sobald er sie nach der Uhrzeit fragte. Er hatte wenig Feingefühl auf konventioneller Seite, aber große Zärtlichkeit auf rein menschlicher Seite. Seine Offenheit war manchmal erschreckend und zauberte Mutter oft einen Ausdruck der Scham ins Gesicht. Er hatte für diese Zeit eine ziemlich gute Schulbildung erhalten und war in den Wintermonaten selbst Lehrer gewesen. Mutter war eine seiner Schülerinnen, als er in Red Kill unterrichtete. Ich ging kürzlich an dem kleinen Schulhaus vorbei und fragte mich, ob unter den wenigen Mädchen, die ich vor der Tür stehen sah, ein Gegenstück zu Amy Kelly war oder ob drinnen ein rothaariger, sommersprossiger Landneuling am Lehrerpult saß. Vater war nur einmal in New York, irgendwann in den 20er Jahren, und hat die Hauptstadt seines Landes oder seines Staates nie gesehen. Und ich bin sicher, dass er zu meiner Zeit nie in einer Jury saß oder einen Prozess hatte. Er interessierte sich für Politik und war immer ein Demokrat und während des Bürgerkriegs, fürchte ich, ein „Copperhead". Seine Religion sah in der Sklaverei nichts Böses. Ich erinnere mich, ihn während des Harrison-Wahlkampfs 1840 in einer politischen Prozession gesehen zu haben. Er war mit einer Gruppe von Männern zusammen, die in einem Wagen standen, aus dessen Mitte eine Stange mit einem Waschbärfell oder einem ausgestopften Waschbären darauf ragte. Ich nehme an, was ich sah, war Teil einer politischen Prozession Harrisons.

Vater „erlebte Religion" in jungen Jahren und wurde Mitglied der Old School Baptist Church. Um Mitglied dieser Kirche zu werden, genügte es nicht, dass man ein besseres Leben führen und Gott treu dienen wollte; man musste eine bestimmte religiöse Erfahrung gemacht haben, eine Krise durchgemacht haben wie Paulus, auf eine eindringliche Weise der Sünde überführt worden sein und in die Tiefen der Demütigung und Verzweiflung hinabgestiegen sein und dann, als alles verloren schien, die Stimme der Vergebung und Annahme gehört und tatsächlich gespürt haben, dass man nun ein Kind Gottes war. Von dieser entscheidenden Erfahrung sollte der Kandidat für die Kirchenmitgliedschaft vor den Ältesten der Kirche berichten, und wenn die Geschichte wahr war, wurde er oder sie zu gegebener Zeit in die Gesellschaft der Auserwählten aufgenommen. Zweifellos war es für die meisten dieser Menschen eine echte Erfahrung – eine Sturm-und-Drang-Zeit, die Wochen oder Monate dauerte, bevor die Freude des Friedens und der Vergebung in ihre Seelen kam. Ich habe einige dieser Erfahrungen gehört und die Aufzeichnungen vieler weiterer in *Die Zeichen der Zeit gelesen*, die Vater über mehr als fünfzig Jahre lang machte. Die Bekehrung war radikal und von Dauer, und diese Männer führten von da an ein verändertes Leben. Da sie einmal Kinder Gottes waren und immer Kinder Gottes, war die Reformation nie ein Fehlschlag. Es war ein eiserner Glaube, der den Strapazen des Lebens gut standhielt. Vater war nicht demonstrativ religiös. Ganz im Gegenteil. Ich habe ihn erlebt, wie er am Sonntag Heu einholte, wenn ein Regenschauer drohte, und einmal sah ich ihn ein Gewehr tragen, als die Tauben in der Nähe waren; aber er kam ohne Spiel und mit einem schuldbewussten Blick zurück, als er mich sah, und ich glaube, er schwankte nie in seinem altmodischen baptistischen Glauben. Es gab in der Familie keine religiösen Bräuche und keinen Religionsunterricht. Vater las sein Gesangbuch und seine Bibel und manchmal seine *Schilder*, zwang uns aber nie, sie zu lesen. Seine Kirche glaubte nicht an Sonntagsschulen oder irgendeine Art von religiöser Unterweisung. Ihre Prediger bereiteten ihre Predigten nie vor, sondern sprachen die Worte, die der Geist ihnen in den Mund legte. Da es sich bei ihnen meist um ungebildete Männer handelte, musste der Geist für viele rhetorische und logische Sünden geradestehen. Ihre Reden taten ihrem Herzen mehr Ehre als ihrem Verstand.

Ich erinnere mich sehr deutlich an einige ihrer Prediger oder Ältesten, wie sie genannt wurden – Elder Jim Mead, Elder Morrison, Elder Hewett, Elder Fuller, Elder Hubble – allesamt Bauern und ungebildet in den Lehren dieser Welt, aber ernsthafte Männer und einige von ihnen starke, malerische Charaktere. Elder Jim Mead ging im Sommer normalerweise barfuß, und Mutter erzählte mir einmal, dass er oft barfuß im Schulhaus predigte. Elder Hewett war während meiner Jugend ihr starker Mann – ein engstirniger und verfinsterter Geist, der durch die Weisheit der Schulen auf die Probe gestellt wurde, aber ein Mann mit natürlicher Charakterstärke, der in seinen Predigten oft eine Spur wahrer und erhabener Beredsamkeit erreichte. Seine Reden, wenn man ihr Durcheinander von Bibeltexten so nennen kann, waren nie ein Aufruf an die Sünder, Buße zu tun und erlöst zu werden – darum würde sich Gott selbst kümmern –, sondern eine vehemente Rechtfertigung auf Grundlage der Heiligen Schriften des Glaubensbekenntnisses der Old School Baptists oder der Lehre von der Erwählung und Rechtfertigung durch Glauben, nicht durch Werke. Die Methodisten oder Arminianer , wie er sie nannte, waren ihm ein Dorn im Auge, und er wurde nicht müde, ihre billigen und einfachen Bedingungen der Erlösung mit seinen paulinischen Texten anzugreifen. Hätte man ihn davon überzeugen können, dass er den Himmel mit den Arminianern teilen müsse , hätte er, glaube ich, sein Glück lieber an anderer Stelle versucht. Religiöse Intoleranz ist eine hässliche Sache, aber ihre Tage in dieser Welt sind gezählt, und die Tage der Old School Baptist Society scheinen gezählt. Ihre Kirche, die in meiner Jugend oft überfüllt war, ist heute fast verlassen. Diese Generation ist zu leicht und frivol für solch ein heroisches Glaubensbekenntnis: Die Söhne der alten Mitglieder sind nicht männlich genug, um der moralischen Last des Calvinismus und der Prädestination standzuhalten. So absurd uns diese Lehre auch erscheinen mag, sie ging mit diesen Männern und Frauen früherer Zeiten einher oder brachte etwas in ihnen hervor – eine moralische Stärke und Charakterstärke –, die den späteren Generationen fremd ist. Natürlich waren diese Männer näher am Ziel als wir und besaßen mehr Pioniertugenden und Widerstandskraft als wir, und Kämpfe und Sieg oder Niederlage waren mehr Teil ihres Lebens als unseres, ein hartes Glaubensbekenntnis mit heroischen Erlösungsbegriffen passte besser zu ihrer Stimmung als zu unserer.

Mein jugendlicher Glaube an einen eifersüchtigen und rachsüchtigen Gott, der mir irgendwie eingeflößt worden war, wurde an einem Sommertag während eines Gewitters heftig erschüttert. Irgendwie hatte ich den Gedanken, dass Rache folgen würde, wenn wir die Mächte da oben in irgendeiner Weise verspotteten oder ihnen gegenüber respektlos wurden. Bei einem lauten Donnern über uns schürzte der Junge, mit dem ich spielte, absichtlich seine verächtlichen Lippen in Richtung der Wolken und brachte auf andere Weise seinen Trotz zum Ausdruck. Ich zuckte förmlich zusammen; ich erwartete, meinen Gefährten neben mir von einem Blitz getroffen zu sehen. Dass ich mich so lebhaft an den Vorfall erinnere, zeigt, wie tief er mich beeindruckte. Aber ich glaube schon lange nicht mehr, dass der Herrscher der Stürme es sieht oder sich darum schert, ob wir Grimassen schneiden oder nicht – mach deine Arbeit gut und schneide so viele Grimassen, wie du willst.

Mein Heimatberg, aus dessen Lenden ich entsprang, wird Old Clump genannt. Er liegt dort mit kahlem Kopf, aber behangenen Seiten, blickt nach Süden und hält den 350 Morgen großen Bauernhof in seinem Schoß. Der Bauernhof mit seinen schachbrettartig gegliederten Feldern liegt dort wie eine riesige Schürze, die sich über die sanft abfallenden Schenkel im Westen und im Osten erstreckt und bis zur Brust reicht und die großen, rauen Bergfelder bildet, auf denen Schafe und junges Vieh grasen. Diese Bergweiden kannten selten den Pflug, aber die breiten Felder an den Seiten des Hügels, vier an der Zahl, die die Innenseite des westlichen Schenkels bedecken, wurden seit meiner Kindheit und davor abwechselnd gepflügt und beweidet. Sie bringen gute Ernten von Roggen, Hafer, Buchweizen und Kartoffeln und bieten im Sommer gute Weideflächen. Im Winter liegen dort direkt unter dem Gipfel des Hügels riesige Schneebänke, die die Steinzäune unter acht oder zehn Fuß Schnee verdecken. Ich habe erlebt, dass diese Bänke bis Mitte Mai dort blieben. Ich erinnere mich, wie ich an einem heißen Maitag meinem Bruder Curtis einen Krug Wasser brachte, der gerade den oberen und steilsten Seitenhang pflügte und dessen Pflug fast den Rand der riesigen Schneebank erreicht hatte. Manchmal spüren die Murmeltiere den Ruf des Frühlings in ihren Höhlen im Boden unter ihnen und graben sich ihren Weg durch den grobkörnigen Schnee, wobei sie überall schlammige Spuren hinterlassen. Ich habe auf all diesen Feldern sowohl Hafer als auch Roggen „zusammengetragen". Eines Septembers, im ersten Jahr des Bürgerkriegs, 1862, arbeiteten wir dort im Hafer und Hiram sprach stündlich davon, sich als Trommlerjunge in die Armee einschreiben zu wollen. Wenn das Vieh dort weidet, kann man es oft von der Straße aus über dem östlichen Teil des niedrigeren Old Clump sehen, der sich als Silhouette gegen den Abendhimmel abhebt. Das Blöken der Schafe in der stillen Sommerdämmerung auf der Brust des Old Clump ist ebenfalls eine schöne Erinnerung. So ist auch das abendliche Lied des Abendsperlings, den man den ganzen Sommer lang aus dieser süßen, ländlichen Einsamkeit herüberschweben hören kann. Auf einem dieser Felder am Hang zogen Vater und sein Knecht Rube Dart einmal Hafer auf einem Schlitten, als die Ladung kenterte, während Rube seine Gabel oben drin hatte und versuchte, sie unten zu halten, und die Gabel, an der Rube festhielt, beschrieb einen vollständigen Kreis in der Luft, und Rube landete unten auf seinen Füßen, ohne Schaden von seinem Abenteuer genommen zu haben.

Großvaters Farm, die er und Großmutter in den letzten Jahren des Jahres 1700 aus der Wildnis herausgehauen hatten und auf der Vater 1802 geboren wurde, liegt gleich hinter dem Hügel auf dem westlichen Knie von Old Clump und befindet sich in der Wasserscheide von West Settlement, einem viel breiteren und tieferen Tal mit fast einem Dutzend Farmen, zu dem mein Heimattal einen Nebenfluss bildet. Der Zuckerwald liegt in der Nähe der Leiste des alten Berges, die „Buchenwälder" über dem östlichen Knie und Rundle Place, wo sich heute Woodchuck Lodge befindet, liegt an seinen nach Osten gerichteten Ausläufern. Daher steht der größte Teil der Heimatfarm abseits in einem Tal für sich. Wenn Sie mit dem Zug von Süden her kommen, können Sie Old Clump acht oder zehn Meilen entfernt im Norden aufragen sehen, das wie ein klar definierter Kegel aussieht, wobei der obere Teil der Farm zu sehen ist und sich dahinter das Gebirgssystem verbirgt, dessen südliches Ende es bildet.

Old Clump spielte in meiner Kindheit eine große Rolle und danach kaum weniger. Das erste Hirschgeweih, das ich je sah, fanden wir dort eines Sonntags unter einem vorspringenden Felsen, als wir auf dem Weg zum Gipfel waren. Meine Ausflüge zum Salzen und Zählen der Schafe führten mich oft dorthin, und meine kindliche Sehnsucht nach dem Wilden und Abenteuerlichen führte mich noch öfter dorthin. Old Clump hob mich immer dreitausend Fuß hoch in die Luft und stellte mich seiner großen Bruderschaft der Berge nah und fern vor und machte mich mit der Hochstimmung vertraut, die einen auf Berggipfeln erwartet. Graham, Double Top, Slide Mountain, Peek o' Moose, Table Mountain, Wittenburg, Cornell und andere sind vom Gipfel aus sichtbar. Und da war etwas so Sanftes, Süßes und Ursprüngliches mit seinen natürlichen Lichtungen und offenen Lichtungen, mit der Quelle, die unter einem schrägen Felsen gleich unter dem Gipfel hervorsprudelte, mit den grasbewachsenen Terrassen, den versteckten Felsvorsprüngen, den verstreuten, niedrig verzweigten, moosbedeckten Ahornbäumen, dem klösterlichen Charakter seiner kleinen Buchengruppen, seinen heimisch wirkenden Ebereschen, seinen obstgartenartigen wilden Schwarzkirschen, seinen gartenähnlichen Beeten mit Heidelbeeren, Himbeeren und Erdbeeren, den Flecken duftender Buschwälder, die wie dichte Miniaturwälder aussahen, durch die man watet wie durch Flecken grünen Mittsommerschnees, mit den göttlichen Klängen der Walddrossel, die aus den bewaldeten Tiefen unter einem herüberwehen – all diese Dinge haben mich als Jungen angezogen und ziehen mich noch immer als alten Mann an.

Von der Stelle, an der die Straße das östliche Knie von Old Clump kreuzt, bis zu der Stelle, an der sie das westliche Knie kreuzt, ist es über eine halbe Meile. Tief unten im Tal zwischen ihnen liegen die Wohnhäuser und darunter die alten und sehr fruchtbaren Wiesen, von denen nur die oberen Ränder jemals gepflügt wurden. Der kleine Bach, der das Tal entwässert, war früher voller Forellen, aber in sechzig Jahren ist er so stark geschrumpft und durch grasendes Vieh fast völlig ausgelöscht worden, dass es keine Forellen mehr gibt, bis man die Hemlocktannen erreicht, an deren Schwelle meine Angelausflüge der Kindheit endeten. Die Wälder waren zu dunkel und geheimnisvoll für meine entflammte Fantasie – entflammt, nehme ich an, durch Großvaters Gruselgeschichten. In diesem kleinen Bach auf der Weide baute ich Teiche, von denen die Ruinen eines davon noch sichtbar sind. In diesem Teich lernte ich schwimmen, aber keiner meiner Brüder wollte sich mit mir hineinwagen. Ich war der einzige in der Familie, der jemals die Kunst des Schwimmens erlernte, und ich lernte es, indem ich sonntags und an Sommerabenden und zwischen meinen Pflichten auf dem Bauernhof ausdauernd in diesem Teich paddelte. Alle meine Leute waren ausgesprochene „Landratten" und hatten Angst, tiefer als die Knie ins Wasser zu gehen oder sich Ruderbooten oder anderen Booten anzuvertrauen. Auch hier war ich ein Sonderling.

Ich habe früher Drachen, Armbrüste und Pfeile gebaut und die Leute mit dem Trick der Buncombe-Bausteine verwirrt. Eines Sommers habe ich einen sehr großen Drachen gebaut, größer als alle, die ich je gesehen hatte, und ihn an einer 800 Meter langen Schnur mit einer in der Mitte des Rahmens festgebundenen Waldmaus in die Luft steigen lassen. Ich glaube, ich wollte diesem kleinen Geschöpf aus den dunklen und verborgenen Winkeln der Wiese – das so große Angst vor Falken, Füchsen und Katzen hat, dass es sich nur selten aus seinen geheimen Tunneln in den Wiesenböden oder seinen Verstecken unter den flachen Steinen auf den Weiden herauswagt – einen Vorgeschmack auf Himmel und Sonnenschein und einen Blick auf die große Welt geben, in der es lebte. Es kam blinzelnd und zwinkernd herunter, schien aber durch seine Reise gen Himmel nicht schlechter geworden zu sein, und ich ließ es gehen, damit es seinen Gefährten von seinem wunderbaren Abenteuer erzählen konnte.

Einmal baute ich am Straßenrand auf dem Überlauf der Hausquelle eine Miniatursägemühle, die die Passanten zum Anhalten und Lachen brachte. Sie hatte einen Damm, eine Rinne, ein 25 cm dickes oberschlächtiges Rad, einen Wagen für den Baumstamm (eine grüne Gurke), ein Tor für die etwa 15 cm lange Blechsäge und einen weniger als 60 cm hohen Überbau. Das Wasser gelangte durch ein drei bis vier Fuß langes Stück alten Pumpenbaumstamms zum Rad, das mit dem Korpus eines alten Blechhorns bedeckt war. In einem ziemlichen Winkel angebracht, strömte das Wasser aus der halbzölligen Öffnung am Ende des Horns mit genügend Kraft, um das kleine Rad zum Summen zu bringen und die Säge mit hoher Geschwindigkeit durch die Gurke zu schicken – nur musste ich den Wagen mit der Hand vorwärtsschieben. Bruder Hiram half mir beim Aufbau dieser Anlage. Sie war nur eine Saison lang mein Spielzeug.

Ich baute ein Quergewehr mit einem Lauf (in dessen Ende man den Pfeil fallen ließ) und einem Schloss mit Abzug, und das war wirklich eine tückische, gefährliche Waffe. Ungefähr in meinem fünfzehnten Lebensjahr besaß ich ein richtiges Gewehr, ein kleines, doppelläufiges Gewehr, das, glaube ich, von einem genialen Schmied gemacht worden war. Aber es hatte ziemlich gute Schießeigenschaften – mehrere Male holte ich damit wilde Tauben aus den Baumwipfeln. Auch Kaninchen, Grauhörnchen und Rebhühner fielen ihr zum Opfer. Ich kaufte es einem Hausierer für drei Dollar ab und zahlte es auf Raten mit Geld aus Ahornzucker.

Auf der bewaldeten Westseite von Old Clump jagten wir Kaninchen – eigentlich Feldhasen, im Sommer braun und im Winter weiß. Ihre Laufwege bildeten Pfade zwischen den Bergahornbüschen direkt unterhalb des Gipfels. Auf der Ostseite war ein wahrscheinlicherer Ort für Grauhörnchen, Waschbären und Rebhühner. Füchse waren auf allen Seiten zu Hause und Old Clump war ein beliebtes Gebiet der Fuchsjäger. Eines Tages im frühen Altweibersommer, als wir auf der unteren Seite des Hügels Kartoffeln ausgruben, wurde unsere Aufmerksamkeit von jemandem erregt, der vom Waldrand auf der oberen Seite der Schafweide rief. Meine Brüder ruhten sich einen Moment auf ihren Hackenstielen aus und ich wischte mir die Erde von den Händen und richtete mich aus meiner gebückten Haltung auf, in der ich die Kartoffeln aufgelesen hatte. Wir alle lauschten und schauten. Bald erkannten wir die Gestalt eines Mannes am Waldrand und schlossen bald aus seiner aufgeregten Stimme und seinen Gesten, dass er um Hilfe rief. Schließlich erkannten wir, dass jemand verletzt war und Ochsen und Schlitten benötigt wurden, um ihn herunterzubringen. Es stellte sich heraus, dass ein Nachbar , Gould Bouton, vorbeikam und Elihu Meeker, sein Onkel, verletzt war. Sie waren auf Fuchsjagd und Elihu hatte von einem hohen Felsen in der Nähe des Gipfels von Old Clump auf den Fuchs geschossen und war in seiner Aufregung irgendwie vom Felsen gerutscht und auf die Steine fünfzehn oder zwanzig Fuß darunter gefallen und hatte sich schwere Verletzungen an Seite und Rücken zugezogen. In aller Eile wurden die Ochsen und der Schlitten nach oben gebracht und nach langem Warten kehrten sie mit Elihu im Sattel zum Haus zurück, der stöhnend und sich auf einem Strohhaufen windend aufhielt. Die Verletzung hatte bei ihm Nierenblutungen verursacht. In der Zwischenzeit war Doktor Newkirk gerufen worden und ich erinnere mich, dass ich befürchtete, Elihu würde sterben, bevor er dort ankäme. Was für eine Erleichterung empfand ich, als ich den Doktor zu Pferd kommen sah, in der guten alten Art, sein Pferd mit Höchstgeschwindigkeit laufen lassend! „Jetzt", sagte ich, „wird Elihu gerettet." Er hatte bereits viel Blut verloren, aber das Erste, was der Doktor tat, war, ihm noch mehr Blut abzunehmen. Dies geschah zu einer Zeit, als das Aderlassen bei jeder Gelegenheit das Erste war, was ein Arzt tat. Die Idee schien zu sein, dass man auf diese Weise die Kraft der Krankheit schwächen konnte, ohne die Kraft des Mannes zu schwächen. Nun, der alte Jäger überlebte den doppelten Aderlass; er war von seiner Verletzung geheilt und auch von seinem Fuchsjagdfieber. -

Er war ein treuer, hart arbeitender Mann, von Beruf Zimmermann. Er baute 1844 unsere „neue Scheune" und setzte ein neues Dach auf die alte Scheune. Vater holte das Holz für die neue Scheune aus den Hemlocktannen des alten Jonas More und brachte es zum Sägewerk. Lanson Davids arbeitete mit ihm. Sie aßen ihr Abendessen im Winterwald. Eines Tages gab es einen Schweinefleischeintopf und Vater sagte, er habe in seinem Leben noch nie etwas gegessen, das so gut geschmeckt habe. Er und Mutter waren damals in der Blüte ihres Lebens und Lanson Davids sagte bei dieser Gelegenheit zu ihm: „Chauncey, du bist das größte Schwein, das ich je in meinem Leben gesehen habe." „Ich hatte Hunger", sagte Vater.

Damals gab es „Aufbauten", wenn ein neues Gebäude errichtet wurde. Die Balken waren schwer, oft aus Bäumen im Wald geschlagen, aufgestellt und in sogenannten „Bogen" zusammengesteckt. In einer Bauernscheune gab es normalerweise vier Bogen, die durch „Platten" und Querbalken zusammengebunden waren. Ich erinnere mich gut an den Frühsommertag, als die neue Scheune errichtet wurde. Ich kann Elihu noch sehen, wie er den Eckpfosten des ersten Bogens führte und als die Männer fertig waren, riefen sie: „Alle zusammen, jetzt", „aufrichten", „heave o heave, heave o heave", bis der Bogen in Position war.

Scheune mit Schindeln deckte, beauftragte er mich, ihm ein paar Walderdbeeren zu pflücken. Als ich am Nachmittag mit meinem fast vollen 4-Quart-Eimer zurückkam, kam er vom Dach herunter und gab mir ein Silberviertel oder zwei Schilling, wie man damals sagte, und ich fühlte mich sehr reich.

Es ist ein offenes Land, wie eine ausgerollte Karte, einfach in all seinen Linien, mit wenig Abwechslung in der Landschaft, ohne scharfe Kontraste und plötzliche Veränderungen und daher ohne das Element des Pittoresken, das diese Dinge mit sich bringen. Es ist ein Teil der Erdoberfläche, der nie Erschütterungen und Aufruhr ausgesetzt war. Das geschichtete Gestein liegt horizontal, genau wie es vor Millionen von Jahren auf dem Boden der Devon-Meere abgelagert wurde. Die Berge und Täler sind das Ergebnis enormer Zeitalter sanfter Erosion, und Sanftheit und Ruhe sind jedem Merkmal der Landschaft eingeprägt. Die Hand der Zeit und der langsame, aber enorme Druck der großen kontinentalen Eisdecke haben alle scharfen Winkel abgeschliffen und geglättet und den Bergen ihre langen, geschwungenen Linien, den Hügeln ihre breiten, runden Rücken und den Tälern ihre tiefen, glatten, trogartigen Konturen verliehen. Die ebenen Schichten treten hier und da hervor und verleihen den Hügeln den Eindruck schwerer Augenbrauen. Aber manchmal ist es mehr als das: In den Bergen ist es oft wie ein höhlenartiger Mund, in den man sich mehrere Meter zurückziehen kann, wo der fantasievolle Bauernjunge gerne herumschleicht und herumlungert wie der Halbwilde, der er ist, und von Indianern und dem wilden, abenteuerlichen Leben träumt. Es gab ein paar solcher höhlenartigen Felsvorsprünge in den Wäldern auf der Farm meines Vaters, wo man sich vor einem plötzlichen Regenschauer zurückziehen konnte, aber weniger als eine Meile entfernt gab es zwei Reihen davon, eine auf Pine Hill und eine auf Chase's Hill, wo die Fundamente der Erde freigelegt waren und eine zerklüftete und zerklüftete Felsfront von zehn bis dreißig oder vierzig Fuß Höhe präsentierten, die vom nie stumpfen Zahn der geologischen Zeit voller kleiner Nischen und Taschen und höhlenartiger Vertiefungen genagt war und Höhlen und Rückzugsorte bot, in denen Indianer und wilde Tiere oft Zuflucht suchten. Als Junge trieb ich mich oft an diesen Orten herum, besonders sonntags, wenn junge wintergrüne und schwarze Birken uns einen Vorwand gaben, in die Wälder zu gehen. Welch eine Ewigkeit der Zeit war in die Gesichter dieser Felsen geschrieben! Welch uralte Kräfte hatten dort ihre Spuren hinterlassen! – in den Linien, in den Farben , in den gewaltigen Verschiebungen und dem Anschein des bevorstehenden Untergangs vieler von ihnen, und doch mit einem Ausdruck von Ruhe und unbesiegbarem Alter, den man nur in der Gegenwart solcher Relikte des Urzeitlichen spüren kann. Ich wünsche mir jetzt, weit weg von meiner Kindheit, keinen besseren Zeitvertreib, als einen Teil eines Sommer- oder Herbsttages inmitten dieser Felsen zu verbringen. Man gelangt von den sonnigen Feldern, auf denen das Vieh weidet oder der Pflug die rote Furche zieht, in diese grauen, von der Zeit geformten, monumentalen Ruinen, wo die Fundamente der ewigen Hügel zerbröckeln und wo die Stille und Ruhe doch wie im Sternenraum sind. Wie relativ alles ist! Die Hügel und Berge altern und vergehen in der geologischen Zeit so unveränderlich wie die Schneewehe im Frühling, und doch sind sie in unserer kurzen Lebensspanne die Typen des Dauerhaften und Unveränderlichen.

Der Phoebe-Vogel liebt es, sein moosiges Nest in diesen steilen Felsvorsprüngen zu bauen, und einmal fand ich heraus, dass eine unserer einheimischen Mäuse, vielleicht die Springmaus, sich anscheinend von ihr inspirieren ließ und auf einem kleinen Felsvorsprung drei oder vier Fuß über dem Boden ein Nest aus Distelwolle baute, das mit Moos bedeckt war. Waschbären und Waldmurmeltiere haben ihre Höhlen oft in diesen Felsvorsprüngen, und bevor das Land besiedelt wurde, taten dies zweifellos auch Bären. An einer Stelle, unter einem riesigen Felsvorsprung, der zwölf oder fünfzehn Fuß vorspringt, befindet sich eine Quelle, zu der das Vieh von den nahe gelegenen Feldern zum Trinken kommt. Die alten Erdbauer verwendeten beim Bau dieser Hügel Material von sehr unterschiedlicher Härte und Haltbarkeit, ihre Verträge wurden nicht gut überwacht, und das Ergebnis war, dass der schnellere Zerfall des weicheren Materials die härteren Schichten untergrub und zu ihrem Einsturz führte. Alle fünfzig oder hundert oder zweihundert Fuß in der Catskill-Formation ließen die alten Bauunternehmer eine Schicht aus weichem, schieferartigem, rotem Sandstein einfließen, was ein Element der Schwäche einführt und dessen Auswirkungen wir überall sehen. Ein Effekt dieser Schwäche ist ein Element der Schönheit. Ich meine die wunderschönen Wasserfälle, die in dieser Region vereinzelt vorkommen. Sie sind, wie fast überall sonst auch, dadurch möglich, dass die härteren Schichten noch bestehen, nachdem die weicheren darunter wegerodiert sind, und die Wasserfallwand dadurch nahezu senkrecht steht.

Die Catskill-Region ist reich an Quellen, die das beste Wasser der Welt liefern. Auf dem Bauernhof meines Vaters gab es auf fast jedem Feld eine Quelle, und jede hatte ihren eigenen Charakter. Welche Erinnerungen weckt jede einzelne davon! Wie begierig fanden wir in den heißen Tagen der Heuernte und Ernte den Weg zu ihnen! – die kleine, kalte, nie versiegende Quelle auf der Wiese am Scheunenhügel unter der Buche, auf deren jetzt verfallener Schale noch immer die halb verwischten Initialen von Bauernjungen und Landarbeitern von vor dreißig, fünfzig und fast siebzig Jahren zu sehen sind; die Quelle auf der alten Wiese nahe der Scheune, wo das Vieh im Winter zu trank und wo ich mit den Heumachern im Sommer so begierig zu trinken pflegte; die ergiebige Quelle am Ufer am Fuße des alten Obstgartens, die selbst in den schweren Dürren der letzten Jahre noch sprudelt, wenn andere Quellen versiegen; die winzige, aber ganzjährig sprudelnde Quelle, die unter dem riesigen schrägen Felsen im Sumachfeld entspringt, wo das junge Vieh und die Schafe der Bergweide trinken und wo wir uns alle so oft erfrischt haben; die Quelle unter einer Felskuppe auf dem großen Seitenhügel, die jetzt über eine Leitung zum Haus geführt wird und die in meiner Kindheit in „Pumpholzscheiten" aus Kiefern- oder Schierlingstöcken herangebracht wurde und zu der ich so oft geschickt wurde, um die Blätter vom Blechsieb zu säubern – was für Assoziationen haben wir alle mit dieser Quelle! Über achtzig Jahre lang hat sie die Familie mit Wasser versorgt, und erst während der schweren Dürren späterer Jahre ist sie versiegt.

Die alte Buche, die darüber steht, ist eines der Wahrzeichen der Farm. Als Junge sah ich einmal einen Schwarm wilder Tauben in ihrem laubbedeckten Inneren verschwinden, und dann sah ich Abe Meeker, der 1840 für Vater arbeitete, von der Steinmauer sechs oder sieben Ruten tiefer in den Baum schoss und vier Vögel herunterholte, die er beim Schießen nicht sehen konnte. Drei von ihnen fielen tot um und einer fiel hinter der Steinmauer vor seine Füße. Aber ich muss nicht alle Jungbrunnen meiner Heimatfarm aufzählen – Jungbrunnen in der Tat! und Brunnen dankbarer Erinnerungen in meinen späteren Jahren. Ich gehe jetzt nie an einem von ihnen vorbei, aber meine Schritte verweilen an ihnen und ich säubere sie, wenn sie verstopft und vernachlässigt sind, und fühle, dass hier ein Freund aus früheren Tagen ist, dessen Gesicht so strahlend und jugendlich ist wie eh und je.

MEIN VATER, VON JULIAN BURROUGHS

Meine früheste Erinnerung an Vater ist die eines Frühlingstages, als er unsere Hauskatze, die einen Blaukehlchen gefangen hatte, jagte und mit Steinen bewarf. Ich erinnere mich an den grimmigen Blick in den Augen der Katze, ihre Nase, die sich über den blauen Rücken legte, ihren nervös zuckenden Schwanz, die Geschwindigkeit und Kraft, mit der Vater sie verfolgte, und die Sprache, die er verwendete, eine Sprache, die zumindest mich beeindruckte, wenn nicht die Katze, und die auch die Katze und ihre Abstammung in Verruf brachte. Soweit ich mich erinnere, retteten wir das Blaukehlchen, und da verblasst das Bild. Wie Vater damals selbst aussah, weiß ich nicht; zweifellos akzeptierte ich ihn kindlich als etwas Selbstverständliches, zusammen mit all den anderen interessanten Dingen in dieser Welt, in der ich mich befand. Ich erinnere mich wieder daran, wie ich im Flur im Erdgeschoss auf seiner Schulter saß, während er mit mir herumhüpfte, und wie ich der Flurlampe auf Augenhöhe gegenüberstand, und wie ich Vater sagte, dass ich, wenn ich groß wäre, König werden würde, und wie Vater mir sofort erzählte, dass sie Könige an einem sauren Apfelbaum aufhängten. Es war immer ein saurer Apfelbaum, nie ein süßer, der zum Aufhängen verwendet wurde. Also war ich froh, die Idee, König zu sein, aufzugeben und stattdessen ein „Erfinder von Dingen" zu werden. Wie Vater darüber lachte! Er hatte mir etwas über seine Lektüren in Astronomie und Naturwissenschaften erzählt, die gerade zu dieser Zeit in Fahrt kamen, und ich war so beeindruckt und eifersüchtig, dass auch ich erklärte, ich wolle „ein Erfinder von Dingen" sein, und Vater wiederholte es und lachte herzlich. Es ist eine Freude, an ihn zu denken, wie er damals war, männlich im Körper, vollschlank, aktiv, führend im Gehen, Schlittschuhlaufen und Schwimmen – was für eine Flut von Erinnerungen! Er interessierte sich sehr für alles, was ich tat, und war oft sehr aktiv dabei. Eines Tages im Mai war ich mit unserem einzigen Schuss Heringsnetz hinausgefahren und wollte ein Experiment machen. Ich hatte Vater gesagt, ich würde ein Stück den Fluss hinaufrudern und das Netz auswerfen und dann bis zur Mündung des Black Creek rudern und Barsche angeln, und wenn die Flut kam, würde ich hinausrudern und das Netz einholen, das das nicht weit darüber liegende Flutwasser auffangen würde. Was er dachte, weiß ich nicht, denn er ging zu Dick Martin, einem erfahrenen Heringsfischer, und erzählte ihm, was ich vorhatte. Dick beeilte sich, ihm zu sagen, dass das, was ich vorhatte, unmöglich sei, dass es eine Reihe alter Pfähle von der schwarzen Scheune direkt unterhalb der Mündung des Black Creek gäbe und dass mein Netz sich daran verfangen würde und ich es verlieren und vielleicht außerdem Schaden nehmen würde. Also ging Vater die zwei Meilen zu Fuß, eilte das steile und felsige Ufer hinauf und fand mich gerade, als ich aus dem Bach kam. Er erzählte mir, was Dick gesagt hatte, stieg ins Boot und wir ruderten zum Netz, das sich sehr merkwürdig verhielt.

„Jetzt bist du schnell, Junge, es ist genau so, wie Dick gesagt hat", rief er, als ich so schnell ich konnte ruderte, um die lange Reihe von Bojen zu erreichen. Niemals werde ich die Stunde der Angst und der Not vergessen, die darauf folgte. Die Flut kam und die schleppende Flut wich der rauschenden Ebbe, das dunkle Wasser des Baches stürzte auf uns herab, die Bojen wirbelten und drehten sich im fließenden Wasser und begannen eine nach der anderen zu verschwinden. Wir bekamen schnell das Ende zu fassen und ich nahm so viel mit, wie ich konnte; dann packte Vater es und versuchte, das Netz loszureißen. Er zog und zog, bis er buchstäblich das Heck des Bootes unter Wasser zog.

„Sie müssen das Netz durchschneiden, das ist der einzige Weg", sagte er schließlich mit rotem Gesicht und keuchend, also schnitten wir das Netz durch und ließen einen Mittelteil dort auf dem alten Pfahl im Grund des Flusses zurück. Es lässt sich nicht leugnen, dass es rücksichtsvoll von ihm war, zu kommen, und dass ihm meine Sicherheit und mein Wohlergehen am Herzen lagen. Obwohl ich immer vorsichtig war und den Lauf des Flusses kannte, könnte etwas passiert sein und meine Knochen könnten dort neben dem alten Pfahl liegen – und wie viel hätte ich verpasst ! – oder wie Vater es einmal so treffend ausdrückte: „Ich habe keine Angst zu sterben, aber ich genieße das Leben so sehr!"

Er warnte mich immer und machte sich Sorgen um mich, wenn ich auf dem Fluss unterwegs war, besonders nachts, und doch ging er Risiken ein, die ich nicht eingehen wollte. In den frühen Tagen hier in Riverby gab es auf dieser Seite des Hudson keine Eisenbahn, und um einen Zug zu nehmen, musste man den Fluss überqueren. Im Sommer hängte man am West Park Dock eine weiße Flagge auf, und Bilyou ruderte für einen hinüber, aber wenn der Fluss zugefroren war, musste man laufen oder zu Hause bleiben. Bei null Grad war es nur eine Frage eines langen Fußmarsches über das Eis, oft mit einem Windstoß unter Null, aber wenn im März die Tauwetter eingesetzt hatten, war es sehr gefährlich, sich auf das Eis zu wagen. Das Tauwasser schnitt das Eis von unten weg, hinterließ keine Spuren auf der Oberfläche, schwächte es stellenweise, und wenn man hindurchging, spülte die Flut einen unter das Eis, wo das Wasser zumindest kalt genug war, um einen zu erfrieren und den Tod leicht zu machen. An einem solchen Tag überquerte Vater den Fluss auf einem Riss, denn seltsamerweise hatte sich einer der großen Risse, die es immer im Eis gibt, nach unten gedrückt oder gefaltet, anstatt nach oben, und das Wasser war zugefroren, sodass ein Streifen dreifach dicken Eises entstanden war, und auf diesem Streifen überquerte er den Hudson, dessen Eis sich so weit von der Sonne entfernt hatte, so wabenförmig und morsch, dass er seinen Stock auf beiden Seiten des Risses hindurchstecken konnte! Ein anderes Mal überquerte er Anfang April mit seinem Hund den Fluss, und als er mitten auf dem Fluss war, der bei Riverby eine ganze halbe Meile breit ist , und in Gedanken versunken war, sah er plötzlich seinen Hund auf das Ufer zulaufen, das sich offenbar schnell in Richtung New York entfernte! Aber das Ufer stand ewig still; es war das Eis, das sich bewegte, und zwar mit der Flut nach oben, und zwar genau um die Breite eines großen Kanals, den die Eisernen oberhalb davon geschnitten hatten. Als die Flut kam, etwa eine Stunde später, war das ganze Eis aus dem Fluss verschwunden.

Als Vater zum ersten Mal rauchloses Pulver sah , war er überrascht über dessen Aussehen und wollte nicht glauben, dass es Pulver war, bis er etwas davon auf den heißen Ofen warf. Ich benutzte es in unserer alten Schrotflinte und er war sehr beunruhigt, doch er erzählte mir, dass er bei seiner Jagd auf Thomas's Lake, von der er in „Wake Robin" spricht, seine kleine Vorderladerflinte mit einer ganzen Handvoll Pulver lud und sie dann, weil er spürte, dass sie platzen würde, auf Armlänge über seinen Kopf hielt, um zu schießen. Dies tat er immer wieder, um seinen Gefährten ein Zeichen zu geben. Die kleine Waffe überlebte die Tortur und hängt jetzt im Waffenraum. Dazu gehört die kleine Stockflinte, eine kleine Schrotflinte, die genau wie eine Stockflinte aussah, aber für kleine Vögel recht effektiv war und die er verwendete, wenn er in Washington Vögel sammelte. Seltsamerweise war es damals verboten, Vögel zu schießen, und berittene Wachen setzten dieses Gesetz durch. Vater erzählte voller Freude, wie er einen Vogel geschossen hatte, den er für seine Sammlung haben wollte, und im nächsten Moment kam der Wachmann angerannt und fragte, wer den Schuss abgefeuert hatte, und Vater sagte ihm, es sei gleich hinter der Anhöhe gewesen oder hinter diesen Bäumen oder so, und dann eilte der Wachmann davon, während Vater seinen Vogel aufhob und seinen Stock nachlud. Es erscheint uns heute seltsam, uns vorzustellen, dass John Burroughs Singvögel geschossen und präpariert und Sammlungen angelegt hat, die hinter Glas an einem Baum aufgestellt werden sollten, aber er tat es, denn damals waren sie genau das Richtige, Vitrinen voller Vögel, die für Museen geeignet waren und oft in Privathäusern zu sehen waren. Ich kann mich erinnern, dass Vater Unterricht in Tierpräparation und im Häuten und Präparieren von Wildgeflügel genommen hat, und heute gibt es hier in dem Haus in Riverby einen Seetaucher und ein Präriehuhn , die er in jenen frühen Jahren präpariert hat. Die Vogelsammlungen, die er angelegt hat, sind weit verstreut oder wurden vor langer Zeit vernichtet. Sie alle wurden mit dem kleinen Vorderladergewehr aus Rohr oder mit einem kleinen Vorderladergewehr für die Jagd erschossen: Damals gab es noch Ladestöcke und Wespen- oder Hornissennester, die man sammelte und als Füllmaterial verwendete, und es herrschte der Aberglaube, den Vater oft zum Ausdruck brachte, dass, wenn man beim Laden einen Schuss verschüttete oder fallen

ließ, es der Schuss war, der den Tod gebracht hätte und ohne den der Schuss danebengegangen wäre. Ich kann mir jetzt noch das faszinierend aussehende Schwarzpulver vorstellen, das glitzerte, als Vater es aus der Handfläche seiner kurzen braunen Hand in die Mündung des Gewehrs schüttete.

Es gab eine Eigenschaft, die mein Vater in besonderem Maße besaß und um die ich ihn immer beneidet habe, eine an sich kleine Sache, die ihm jedoch ermöglichte, das zu erreichen, was er in der Literatur erreicht hat, nämlich die Fähigkeit, die Geschäfte oder Sorgen des Lebens beiseite zu legen, so wie man seinen Hut an den Nagel hängt, absolut und vollständig, und sich seinem Schreiben zuzuwenden. Die Welt wird ihn als einen Dichter und Naturforscher, als einen sanften Weisen und Philosophen betrachten, obwohl er in Wahrheit ein literarischer Handwerker war und bis zu seinem sechzigsten Lebensjahr nie mehr als einen Teil seiner Zeit und Mühe seinem Lebenswerk widmen konnte. Ich erinnere mich zunächst an ihn als Bankprüfer. Ich erinnere mich daran, wie er auf Reisen ging, um Banken zu prüfen, wie er seinen Koffer packte und ein weißes oder „gekochtes" Hemd anzog, die goldenen Manschettenknöpfe, wie er seinen Bart kämmte, das Wunderbare und Mysteriöse an all dem. Dann wurde er ein „Mugwump" und die neue Partei übertrug seine Bankprüfung jemand anderem; und, wie er es ausdrückte, „ich musste mich aufraffen", und er begann, edle Weintrauben anzubauen.

So wie in seiner Kindheit die Kuh im Mittelpunkt seines Interesses stand, so galt mein Interesse der Delaware-Traube. Und Vater war mit seinen Weinbergen sehr erfolgreich. Ich sehe ihn jetzt noch beim Sommerschnitt, er auf der einen Seite der Reihe, ich auf der anderen, beim „Abreißen", wie wir den Sommerschnitt nannten, oder er stempelte Deckel oder band Bündel von Körben zusammen. Viele der Deckel waren mit Sägespänen bedeckt, die weggeblasen oder abgebürstet werden mussten, bevor sie gestempelt werden konnten. Vater gewöhnte sich das Pusten an und gewöhnte sich so sehr daran, dass er es trotzdem tat, ob der Deckel es nun brauchte oder nicht; wenn nicht, blies er geradeaus, und ich lachte ihn dafür aus, und er hob die Augenbrauen und lächelte halb, was bedeutete, dass es etwas war, dem er sich hingeben konnte. Er schrieb einmal über seinen Enkel:

"Ich hatte das seltene Glück, auf einem Bauernhof auf dem Land geboren zu werden und die Pflichten und Verantwortlichkeiten des Bauernlebens zu teilen. Mein armer Enkel John hat in dieser Hinsicht nicht so viel Glück, und er musste keine Kartoffeln und Steine aufsammeln, Äpfel sammeln, Mais schälen und Mais hacken, Heu verteilen und harken, die Kühe treiben, die Schafe in den Bergen jagen, Mist verteilen, den Garten jäten, die Kuhställe ausmisten und so weiter, und im Winter drei Kilometer durch schneebedeckte Felder und Wälder zur Schule gehen, und er hatte kaum Bücher zu lesen und sah keine illustrierten Zeitungen oder Zeitschriften.

John kann nachts ins Kino gehen, tagsüber Fahrrad fahren, eine weiterführende Schule besuchen und hundert Hilfsmittel und Sporen, wo ich keine hatte. Mein Schicksal war besser als das von John, und ich kann nur hoffen, dass er Vorteile hat, die ich nicht hatte und die die Vorteile, die ich hatte, ausgleichen können."

In diesem Fall weiß ich, dass Zeit und Entfernung einen bezaubernden Eindruck machen, denn von der harten Arbeit in den Weinbergen hat Vater sehr wenig mitgeholfen – die Feldarbeit mit dem Pferd an so heißen Tagen, dass das Pferd mit Schaum bedeckt war und der Staub in einer Wolke über die schweißnassen Kleider aufstieg, die Tage hinter dem Spritzwagen, an denen einem Kalk und Vitriol ins Gesicht flogen und an den Beinen hinunterliefen, das Binden im März und Anfang April, bis einem die Finger wund waren und der Nacken vom Hochstrecken schmerzte – von all diesen und anderen Aufgaben wusste er nichts. Oft sagte er von sich, er sei faul; und obwohl das, was er in seinem Leben geleistet hatte, in gewisser Hinsicht wie ein Denkmal dasteht, war er faul. Routinearbeit, ein täglicher Trott mit Aufgaben, die ihm nicht gefielen, hätten seine Tage verkürzt und ihn vielleicht sogar verbittert. Doch mit welchem Eifer ging er an sein Schreiben! Sechzig Jahre und mehr hat er sein Handwerk zu seiner größten Freude gemacht – wie er mir einmal schrieb: „Es gibt keine größere Freude als das, wenn der Saft fließt, gibt es keinen größeren Spaß als das Schreiben." In einem Vorwort zu einer Neuauflage sagte er über seine Bücher: „Es steckt nur sehr wenig echte ‚Arbeit' in ihnen." Eines Tages fand draußen in La Jolla, Kalifornien, oben auf dem Hügel mit Blick auf den blauen Pazifik, eine Versammlung in einem der biologischen Laboratorien statt, und die Schulkinder kamen in Scharen herein. Vater wurde gebeten, mit ihnen zu sprechen, und unter anderem fragte er sie, ob eine Biene Honig aus den Blumen bekommt. „Nein", sagte er, „die Biene bekommt Nektar aus der Blume, eine dünne süßliche Flüssigkeit, die die Biene durch Prozesse in ihrem eigenen Körper in Honig verwandelt." Ich habe immer vermutet, dass Vater sich gern als Biene vorstellte, draußen in der Sonne und Wärme, auf den Feldern und Wäldern, zwischen den Blumen, und herrliche Eindrücke von all dem sammelte, die er mit seinem Handwerk in einer unvergänglichen Form bewahren konnte, an der sich auch andere erfreuen konnten. Und arbeitet eine Biene wirklich? Tut es nicht genau das, was es gerne tut oder tun möchte? Muss es sich bewusst anstrengen, um zwischen den Blumen zu sein? Muss es noch lange, nachdem es müde ist, das tun, was es nicht gerne tut? Ob das Leben von John Burroughs also ein langes Leben voller Glück und faulem Spiel oder harter Arbeit war, hängt wie so vieles andere vom Standpunkt ab. Ich stelle mir sein langes und glückliches Leben gerne als ein Leben vor, in dem er alle Arbeit in Spiel verwandelte und dabei Großes leistete.

Vater versuchte oft, sich selbst zu erklären, wie es dazu kam, dass er sich so vollständig und vollständig vom Leben seiner Familie und seiner frühen Umgebung löste und nicht zu einem schwachen, gelassenen, wenn auch malerischen Farmer in den Catskills wurde, sondern zu einem Literat, einem einzigartigen und malerischen literarischen Handwerker. „Ich glaube, ich hatte es im Blut", sagte er einmal. Damit hatte er, was die meisten von uns haben, die Liebe zu Wäldern und Feldern und zur Jagd und Fischerei. Das Forellenfischen, das schönste von allen, hatte für ihn einen immerwährenden Reiz, ebenso wie die Bienenjagd und das Zelten, bei dem er neue Flüsse und Wälder erkundete. All dies wurde durch sein Leben auf dem Bauernhof und seine frühen Verbindungen gefördert und entwickelt, und als er dann Tresorwart im Finanzministerium in Washington wurde , war er von all dem eingesperrt und konnte nichts tun, außer die Stahltüren anzustarren. Fast ohne anders zu können, begann er, die wunderbaren Tage, die er in der Fremde verbracht hatte, noch einmal zu erleben, indem er darüber schrieb. Er war wie ein Verbannter, der von seinem Heimatland träumte. Die Natur hat die Kunst, diejenigen, die ihre Tage mit ihr verbringen, in ihren Bann zu ziehen, so dass am Ende des Tages nur die Erinnerungen an die Freuden des Tages bleiben und diese mit der Zeit immer schöner und farbenfroher werden . Für den heimwehkranken jungen Mann, der in seinem Keller in Washington eingesperrt war, nahmen die Landschaften seiner heimatlichen Berge eine Schönheit und einen Charme an, die sie nie hätten erreichen können, wenn er dort in eben diesen Bergen geblieben wäre, wo seine Augen und Sinne jede Stunde ihre Sättigung genießen konnten. Es scheint mir ein glücklicher Zufall zu sein, dass sein bereits offenkundiger und fest verankerter Ehrgeiz zum Schreiben diesen Lauf nahm, indem er über die Natur schrieb.

„Ich muss ein Sportsmann gewesen sein", sagt er von sich selbst – ein geborener Wortanbeter, ein Mann, der von unstillbarem literarischen Ehrgeiz beseelt war, ein Liebhaber der besten Bücher der Welt, geboren von Eltern, die nicht einmal die Bedeutung der Worte kannten. Ich bezweifle sehr, dass irgendjemand aus seiner unmittelbaren Familie, das heißt aus seiner eigenen Generation, auch nur eine Zeile in einem seiner Bücher gelesen hat. Seine Schwester sagte ihm, er solle nicht schreiben, „das sei schlecht für den Kopf" – wie sehr er sich von ihnen allen unterschied, zeigt ein Vorfall, den Mutter einmal erzählte und der nur mit einer kurzen Erklärung erzählt werden kann. Während des Krieges waren er und Mutter „nach Hause gegangen", wie er immer von Besuchen bei den Eltern auf dem Gehöft sprach, und beim Abendessen rief Großvater aus: „Ich würde Abe Lincoln gern höher hängen sehen als Haman, und ich würde gern das Seil in der Hand halten!" Vater saß sprachlos vor Schmerz und Erstaunen da, dann schob er schweigend seinen Teller zurück, stand auf und ging schweigend aus dem Zimmer. Dann „ging" Großmutter auf Großvater los. Aber

Großvater war sich nicht im Klaren darüber, was er sagte, und er wäre einer der Allerletzten gewesen, die Lincoln oder sonst jemandem etwas angetan hätten. Der Vorfall zeigt, wie sehr sich diese leidenschaftlichen, intensiven und verbitterten Zeiten von unseren unterschieden und wie die Verbreitung der Zeitschriften und illustrierten Zeitungen die Gefühle der Menschen erweitert und gemildert hat.

Vater sprach oft von seiner Freude, als der *Atlantic* seinen ersten Artikel annahm, den über „Expression", der Emerson zugeschrieben wurde – er hatte das Gefühl, dass sich ihm eine neue Welt eröffnet hatte, neue Welten mit unbegrenzten Möglichkeiten, die es zu erforschen und zu erobern galt. Sein Ehrgeiz, zu schreiben, wurde enorm angespornt. Zu dieser Zeit unterrichtete er in einer kleinen Stadt in der Nähe von Newburgh, und wenn Samstag kam, wollte er ins Wohnzimmer gehen , um seine Tagesarbeit zu verrichten. Das war die Zeit der Vorherrschaft des Wohnzimmers , des abgedunkelten Raums, der für besondere Anlässe, Beerdigungen, Sonntagsgesellschaften und dergleichen heilig war, und Mutter hatte keine Ahnung, dass seine Ordnung gestört und seine Heiligkeit durch eine so frivole Sache wie das Schreiben entweiht werden könnte – sie schloss die Tür ab. Ich glaube, Vater empfand es als Beleidigung, nicht seiner selbst, sondern seiner Berufung, eine tödliche Beleidigung seines Gottes der Literatur, und in einer für mich schönen und edlen und gerechtfertigten Raserei zerschmetterte und trat er die Tür in „Steine und Fetzen". Ich applaudiere; ich bin froh, dass er es getan hat; er erwies sich als seines auserwählten Gottes würdig. Mutter weinte zweifellos. Arme zerstörte Tür – wahrlich ein kleines und materielles Opfer für den großen Gott der Literatur!

Diese Jahre waren in vielerlei Hinsicht hart für Vater, die Jahre Ende der 50er Jahre, als er als Lehrer arbeitete und viele Dinge ausprobierte, um sich selbst zu finden, seinen Lebensunterhalt zu verdienen und die materiellen Ambitionen seiner Mutter zu befriedigen. Einen Sommer verbrachte er auf dem alten Gehöft und baute Zwiebeln an; das Saatgut, das er verwendete, war schlecht, nur wenige keimten, und ein Sommer harter Arbeit für ihn und seine Mutter endete vergebens. Eine Zeit lang studierte er Medizin in der Praxis von Dr. Hull in der Nähe von Ashokan, und dort, in der kleinen Praxis an einer Stelle, die heute direkt am Rande des Wassers des heutigen großen Ashokan-Stausees liegt, schrieb er sein Gedicht „Waiting". Man kann nur über die Prophezeiung staunen, die darin steckte, die Vision des entmutigten 25-jährigen Jungen, von der jede Zeile so in Erfüllung gegangen ist. Er versuchte mehrere Unternehmungen, tastete sich blindlings vor und hoffte auf Erfolg, der ihm aber nie gelang. Eines seiner Unterfangen war ein Anteil an einem Patent, mit dem er reich werden sollte, aber er erlitt Verluste und Entmutigung – er hatte sich sogar Geld geliehen, um in das Geschäft einzusteigen, und als er es nicht zurückzahlte, wurde er verhaftet und auf einem Nachtboot den Fluss hinaufgebracht . Als das Boot in Newburgh anhielt, wachte er auf und stellte fest, dass sein Wächter schlief. Er stand auf, zog sich an und ging an Land. Seine Verhaftung war ohnehin nicht legal, und bald war die Angelegenheit geklärt. Er unterrichtete weiter und zog schließlich in den ersten Kriegsjahren nach Washington. Ein Freund wollte, dass er kam, und sagte, es gäbe viele Möglichkeiten, und versprach ihm auch, Walt Whitman kennenzulernen. Schließlich bekam er eine Stelle im Finanzministerium, und Hugh McCulloch, Finanzminister, zeichnet in seinem Buch „Men and Measures of Half a Century" ein Bild des jungen John Burroughs auf Arbeitssuche, ein Bild, das Vater zufolge nicht genau war, das aber zumindest zeigt, welchen Eindruck er auf einen Mann machte, der es gewohnt war, viele Arbeitssuchende zu sehen:

Eines Tages kam ein junger Mann in mein Büro und sagte mir, er habe gehört, dass die Belegschaft des Büros aufgestockt werden solle und dass er froh sein würde, eingestellt zu werden. Ich fragte ihn, ob er Empfehlungen hätte. „Habe ich nicht", antwortete er. „Ich muss mir selbst helfen." Ich sah seine kräftige Gestalt und sein intelligentes Gesicht, die einen so positiven Eindruck auf mich machten , dass ich seinen Namen an die Sekretärin weitergab, und am nächsten Tag arbeitete er als Angestellter für zwölfhundert Dollar. Ich hatte mich nicht geirrt. Er war ein ausgezeichneter Angestellter, kompetent, treu und willig.

Und Vater hat gesagt, dass er und Mutter von den hundert Dollar, die er im Monat erhielt, nur die Hälfte gespart haben. Und die tatsächlichen Lebenshaltungskosten waren damals so hoch wie heute; die tatsächlichen Kosten für Nahrung und Kleidung und die Lebensweise haben sich geändert. Vaters erstes Buch: „Notes on Walt Whitman, Poet and Person", erschienen 1867, heute längst vergriffen, ein kleiner brauner Band mit Goldschrift, wurde in jenen Washingtoner Tagen herausgebracht. Das Buch war kein Erfolg, und obwohl Vater bei der Veröffentlichung Verluste machte, musste er es nicht von seiner Einkommensteuer abziehen. Über das ganze Leben dort in Washington hat er in seinen Büchern „Winter Sunshine", „Indoor Studies", „Whitman, a Study" usw. so viel gesprochen, dass ich es liegen lassen und in den Weinberg hier am Ufer des Hudson zurückkehren werde.

Es war im Jahr 1872, als Vater und Mutter hierher kamen und ein etwa neun Morgen großes Grundstück kauften, das von der Straße bis zum Wasser abfiel. Sie lebten eine Zeit lang, fast ein Jahr, in einem kleinen Haus oben an der Straße, während dieser Zeit bauten sie das Steinhaus, dessen Bau Vater in „Roof-Tree" beschrieben hat. Er hatte sich ein Steinhaus gewünscht, und hier gab es jede Menge Steine, „wilde Steine", wie ein Einheimischer sie nannte, die man aufsammeln konnte, verwittert und mit einer weichen Farbe , nur ein kurzer Weg und ein paar Schläge mit dem Hammer oder der

Hammerspitze waren nötig, um sie in Bausteine zu verwandeln. Er hat oft von Mutters erstem Besuch in ihrem neuen Zuhause gesprochen, als gerade mit dem Fundament begonnen wurde, und von ihrer Trauer und Enttäuschung, als sie die Größe des Gebäudes sah. Das Fundament eines Hauses, das zum Himmel hin offen ist, gibt keine Vorstellung von der Größe des fertigen Gebäudes, und Vater versuchte vergeblich, dies zu erklären. "Ich habe ihr die Pläne gezeigt", sagte er oft, "so viele Fuß hierhin und so viele dorthin, so groß dieser Raum und so groß jener, aber es war sinnlos, sie weinte und nahm es zu einem hohen Preis an." Vater war damals Bankverwalter und verdiente dreitausend Dollar im Jahr, und davon baute er dieses große, dreistöckige Steinhaus. Er hatte viel Freude daran - er erzählte gern von dem irischen Maurer, der betrunken wurde, als er gerade am Steinkamin arbeitete. Angewidert über die Verzögerung ging Vater hinauf und machte sich mit Hammer und Kelle selbst an den Kamin, und der ernüchternde Maurer konnte ihn von Hyde Park aus über den Fluss sehen. Als er nüchtern genug war, um zurückzukommen und mit seiner Arbeit fortzufahren , inspizierte er sorgfältig, was Vater getan hatte, und rief aus: "Und du bist ein Hondy Mann , das seid ihr."

Das südwestliche Schlafzimmer im dritten Stock sollte Vater als sein Zimmer haben, als sein Arbeitszimmer, in dem er schreiben konnte. Dieses Zimmer vertäfelte er bis zur Decke mit einheimischen Hölzern: Ahorn, Eiche, Buche, Birke, Tulpenholz und andere, und ich denke gern an seine freudige Erwartung, seine Träume von den glücklichen Stunden, die er in diesem Zimmer verbringen würde, und an das Schreiben, das er dort verrichten würde. Aber er schrieb hier nicht, denn ein paar Jahre später baute er das mit Rinde bedeckte Arbeitszimmer unten am Rand des Abhangs, und ein paar Jahre später baute er noch Slabsides , drei Kilometer hinter dem niedrigen Berg. Dort, vor allem im Arbeitszimmer, schuf er den Großteil seiner literarischen Arbeit.

Mutter war Materialistin; sie schätzte literarische Anstrengungen nie sehr hoch ein; sie schien oft zu denken, dass Vater die Arbeit des Angestellten erledigen und dann seine Schreibabende und Feiertage verbringen sollte. Sie sah keinen Sinn darin, die besten Stunden des Tages fürs „Kritzeln“ zu verwenden, und erst in den späteren Jahren, als Vater durch seine Schriften ein festes Einkommen hatte, wurde ihr Standpunkt milder. Sie war das, was man damals eine „gute Haushälterin“ nannte, und sie führte sie so gut, dass Vater während seiner Arbeitszeiten ausziehen musste, zuerst ins Arbeitszimmer, dann drei Kilometer weiter. Wenn es um die Hausarbeit ging, besaß Mutter in außerordentlichem Maße die Eigenschaft, die man Unvermeidlichkeit nennt. Sie hatte die Angewohnheit, sich ein Tuch um den Kopf zu binden, eine Art Vorläufer der Boudoir-Haube von heute, ein Mittel, um ihr Haar vor imaginärem Staub zu schützen, und dies wurde zu einem Symbol, einer Schlachtflagge der Göttin der Hausreinigung. Vater wurde aus der Bibliothek beordert, wo er schrieb, und sein Faden war unsanft gerissen; es war ein Tag, an dem kein Saft floss. Für einen nervösen, temperamentvollen Menschen, der hastig und aufbrausend war, hat er meiner Meinung nach eine wunderbare Geduld bewiesen, eine Geduld, die ihm große Ehre macht. Und doch war Mutter in vielerlei Hinsicht eine unschätzbare Gefährtin, sie war ein Ausgleichsrad, das ihre Welt in Bewegung hielt, und ich bin sicher, dass sie Vater vor vielen Fehlern und Extravaganzen bewahrte.

Erst Jahre später, als er begann, Trauben zu verschicken, nannte Vater seinen Ort „ Riverby ". Er hatte mir ein Abenteuerbuch vorgelesen, Stevensons „Black Arrow", und darin gab es einen Ort namens „ Shoreby " oder „am Ufer". Das brachte Vater auf die Idee, seinen Ort „ Riverby " oder „am Fluss" zu nennen. Also übernahm er diesen Namen und wurde zum Markenzeichen: „ Riverby Weinberge", ein ovaler Stempel mit einer Weintraube in der Mitte und der Adresse darunter. Er wurde zum Namen des Ortes, zum Namen eines von Vaters Büchern und wurde auf den Deckel jeder Kiste oder jedes Korbes mit Weintrauben gestempelt.

Vater war ein absolut ehrlicher Mann, ehrlich nicht nur beim Verpacken einer Kiste Weintrauben, sondern auch ehrlich, was seine eigenen Schwächen und Unzulänglichkeiten anging. Ich werde nie vergessen, wie sehr er einen Ausruf bewunderte, der General Lee in Gettysburg zugeschrieben wird. Pickett hatte seinen berühmten Angriff ausgeführt und seine Veteranen waren zurückgekehrt, einige von ihnen besiegt, und Lee sagte zu ihnen: „Es ist alles meine Schuld, Jungs!" „Das ist der wahre Geist der Größe", sagte Vater nachdenklich. Und als die *Titanic* mitten im Ozean unterging und so viele Menschenleben verloren gingen und der Befehl lautete, dass die Frauen und Kinder zuerst in die Rettungsboote gehen sollten, während die Männer zurückbleiben sollten, sagte Vater: „Das erforderte wirklich Mut. Ich hoffe, dass ich nie mit einer solchen Krise konfrontiert werde."

Ein anderes Mal stahlen die Jungen seine Trauben, die ersten Delawaren, die noch nicht reif genug waren, und verstreuten dann die Trauben, die sie nicht essen konnten, auf der Straße. Vater hüllte sich in einen Regenmantel und setzte sich bei Einbruch der Dunkelheit unter einen der Weinstöcke, um zu warten. Seltsamerweise schlief er ein, und noch seltsamer war, dass einer der Jungen tatsächlich kam, und zwar zu dem Weinstock, unter dem Vater schlief. Er war sofort wach, nutzte seine Chance, sprang auf und packte den Jungen. Es kam zu einem schnellen Gerangel, der Junge riss sich los und floh. Als er über die Steinmauer kletterte, packte Vater ihn und sie stürzten gemeinsam hinüber, wobei sie die Mauerkrone über sich rissen. Da Vater durch seinen Mantel behindert war, konnte sich der Junge losreißen und floh den Hügel hinauf zur Straße, wo er sein Fahrrad abgestellt hatte. Er konnte jedoch nicht damit entkommen und rannte in die Nacht hinein davon und ließ sein Fahrrad als Geisel zurück. Als ich am Morgen herunterkam, fand ich Vater wie einen Jungen mit einem neuen Spielzeug vor. „Komm ins Waschhaus und sieh dir meinen Gefangenen an", lachte er und konnte sich vor lauter Spaß kaum beherrschen. Ich kam, und da stand das Fahrrad, und Vater tanzte einen Kriegstanz darum. Später kam der Junge und gestand es und bestand darauf, etwas zu bezahlen, aber in aller Freundlichkeit wollte Vater natürlich nichts von dem hart verdienten Geld des Jungen nehmen. Er erklärte ihm einfach die Situation, und ich bin sicher, der Junge kam nie wieder, was er vielleicht getan hätte, wenn er nicht großzügig behandelt worden wäre. Ein anderes Mal wurden einige Jungen von der anderen Seite des Flusses auf frischer Tat ertappt, als sie Trauben stahlen. Nachdem er sie eine Zeit lang erschreckt hatte, gab Vater ihnen einige Trauben und schickte sie nach Hause. Er warnte uns immer davor, Trauben zu schneiden, nur solche abzuschneiden, die wir selbst essen würden, um den Käufer nicht zu täuschen oder zu betrügen. Einer seiner ersten Briefe, den er vor dreißig Jahren schrieb, handelt hauptsächlich von den Weinbergen – er ist auf Papier geschrieben, das Birkenrinde imitieren soll, und in einer schnellen, auf und ab gehenden Handschrift, die fast so leicht zu lesen ist wie die beste Druckschrift:

Onteora Club, 25. Juli 1891.

LIEBER JULIAN,

Ich möchte, dass Sie mir schreiben, wenn Sie dies erhalten, falls der Hund schon aufgetaucht ist. Wenn nicht, fahren Sie besser noch einmal zu Bundy und sehen nach, ob er dort war. Sagen Sie mir auch, ob der Falke fliegt usw. Hat es stark geregnet und hat er dem Weinberg Schaden zugefügt? In der Nacht, als ich ankam, hat es hier sehr stark geregnet. Wenn es dem Weinberg geschadet hat, werde ich wiederkommen. Sehen Sie sich um und sehen Sie, ob es schon Traubenfäule gibt. Ich möchte, dass Zeke mir eine Kiste mit diesen Birnen dort in den Johannisbeeren schickt... Es ist sehr angenehm hier oben, aber ich fürchte, ich werde zu Abend gegessen und getrunken und gefahren und gelaufen, bis mir schlecht wird. Ich habe noch nicht richtig geschlafen. Mr. Johnson of the *Century* ist hier. Wir schlafen in einem großen, schönen Zelt. Es steht im Wald und ist wie Camping, nur dass wir kein Bett aus Zweigen haben. Es ist warm und regnerisch hier heute Morgen. Sagen Sie mir, ob Sie und Ihre Mutter nach Roxbury oder sonst wohin fahren. Sagen Sie Northrop, er soll meine Briefe weiterleiten, falls welche da sind. Ich habe noch keine erhalten. Sag mir, was Dude und Zeke gemacht haben.

Dein liebevoller Vater, JOHN BURROUGHS.

Der Hund, von dem die Rede war, war Dan oder Dan Bundy-ah, ein hübscher mittelgroßer Hund, der Vaters Herz eroberte und für zwei Dollar gekauft wurde, was damals ein hoher Preis für einen Hund zu sein schien, von einem Arbeiter, der uns in den Weinbergen half. Er rannte immer nach Hause. „Es bricht einen Hund völlig aus, sein Zuhause oder vielmehr seinen Haushalt zu wechseln; es macht ihn zu einem Weltbürger", sagte Vater. Wie sehr liebte er einen netten Hund! Sogar während seiner letzten Krankheit sprach er oft von dem, den wir besaßen; er empfand ein echtes Gefühl der Kameradschaft für einen Hund.

Der erwähnte Habicht ist der junge Sumpfbussard, den wir aus dem Nest holten und selbst aufzogen. Ich weiß, dass es meine Aufgabe war, diesen Habicht mit Nahrung zu versorgen: Sperlinge, Eichhörnchen und Kleinwild, eine unaufhörliche Aufgabe, die den Großteil meiner Zeit in Anspruch nahm, so sehr, dass Mutter mich immer wieder dafür zur Rede stellte. Als Vater später über den Habicht „schrieb" und etwas für den Artikel bekam, hatte ich das Gefühl, dass ich für das, was ich für die Sache ertragen musste, bezahlt werden sollte! „Fünfzig Cent für jede Schelte, die ich bekam", verlangte ich. „Du bekommst jetzt deinen Lohn", antwortete Vater, während er mir beim Essen zusah.

Hat der Regen dem Weinberg Schaden zugefügt ? — Ja, diese Angst war immer da. Die steilen Hänge wurden oft sehr stark ausgewaschen, die Erde wurde den Hang hinuntergetragen, und es kostete uns viel Arbeit, sie wieder zurückzuholen. In ruhigen Zeiten musste immer Erde die steilen Hänge hinaufgeschleppt werden. Ich weiß, dass einmal ein Teil davon von Hand den Hang hinaufgetragen wurde. Wir nagelten zwei Stöcke als Griffe an eine Kiste, und Charley und ich verbrachten Tage damit, diese Kiste voller Erde einen sehr steilen Hang hinaufzutragen – „wie zwei Esel", rief Vater scherzhaft. Obwohl er in seinem Gedicht sagen konnte:

„Ich schwärme nicht mehr gegen Zeit oder Schicksal"

er schimpfte oft über das Wetter, besonders über die „verrückten, maßlosen", wie er sie nannte, Sommerschauer. Einmal gab es einen Hagelsturm. Wir waren „außer Haus", und nach dem Abendessen brachte Mutter ein Telegramm hervor, in dem stand: „Ich habe dir das erst gegeben, nachdem du gegessen hattest." Sogar ich war mir der taktlosen Art bewusst, wie sie das tat, während der Haushalt zusah. Mit angespanntem Gesicht öffnete Vater langsam das Buch und las: „Hagelsturm, alle Trauben zerstört." Wie schlapp sich Vater fühlte! Er sagte: „Ich hatte mir selbst ein Kompliment gemacht, als ich diese Trauben sah. Ich hatte mehrere Aussagen gelesen, dass Trauben in diesem Herbst einen guten Preis erzielen würden." Nun, wir fanden heraus, dass die Hälfte davon gerettet werden konnte und dass der schreckliche Hagelsturm sich nur über zwei Weinberge ausgebreitet hatte – der Weg des Sturms war in beide Richtungen keine halbe Meile breit, eine merkwürdige Laune, die aber in zehn Minuten alle Gewinne des Jahres zunichtemachte.

Formulierung erfinden darf, dann würde ich sagen, dass Vater den Stolz der Bescheidenheit hatte; das heißt, er hatte den wahren Geist des Handwerkers – Stolz auf seine Arbeit und für seine Arbeit, nicht Stolz auf sich selbst. Nichts war zu gut für seine Kunst, nichts zu armselig für ihn selbst. Der folgende Brief, den er vor 28 Jahren schrieb, gibt uns einen Einblick in ihn selbst, wie er damals war, allein und nachdenklich. Offenbar hatte es einen Familienstreit gegeben, etwas, das viel zu oft vorkam, und Vater war allein hier in Riverby .

West Park, 24. Juli {1893}.

MEIN LIEBER JULIAN,

Ihr Brief ist angekommen. Ich bin froh, dass Sie es mit dem Heufeld versuchen werden. Versuchen Sie nicht, es zu mähen. Aber im Freien können Sie es, glaube ich, aushalten. Es wird hier sehr trocken. Ich glaube, Sie hatten Samstagnacht gegen acht Uhr einen schönen Regenschauer. Ich stand zu dieser Stunde ganz allein auf dem Gipfel des Slide Mountain und konnte direkt ins Herz des Sturms blicken, und als es aufhellte, konnte ich sehen, wie der Regen über die Roxbury Hills fegte. Der Regen war auf Slide nicht stark und ich war sicher unter einem Felsen verstaut. Ich bin Freitagnachmittag von hier weggefahren und nach Big Indian gefahren, wo ich die ganze Nacht blieb. Ich fand Mr. Sickley und seine Familie dort bei Dutchers untergebracht. Am Samstag versuchte ich, Mr. S. zu überreden, mit mir nach Slide zu gehen, aber er hatte seiner Gruppe versprochen, einen anderen Weg zu nehmen. Also ging ich allein weiter mit meiner Deckenrolle auf dem Rücken. Mir war sehr heiß und ich trank jede Quelle auf dem Weg trocken. Ich erreichte den Gipfel des Slide gegen zwei Uhr und war froh, den Berg schließlich ganz für mich allein zu haben. Er ist sehr großartig. Ich habe mir unter einem Felsvorsprung ein gemütliches Lager eingerichtet. Jedes Stachelschwein auf dem Berg hat mich in der Nacht besucht, aber ich habe ziemlich gut geschlafen. Ich blieb bis Sonntagmittag, als ich nach Dutchers hinunterging. Ich habe die Reise problemlos und ohne Ermüdung geschafft und bin an diesem heißen Samstag 13 Meilen mit meinen Fallen gewandert. Das Big Indian Valley ist sehr schön. Am Montagmorgen ging Mr. Sickley mit mir zum Bahnhof hinunter und ich bin mit dem kleinen Boot nach Hause gekommen, gut bezahlt für meine Reise. Ich bezweifle, dass ich jetzt nach Roxbary komme , ich fürchte, die Luft wird mir nicht bekommen. Folgen Sie in einer Hinsicht nicht dem Beispiel Ihrer Mutter, das heißt, denken Sie nicht sehr hoch von sich selbst und sehr gering von anderen Leuten; sondern kehren Sie es um – denken Sie gering von sich selbst und gut von anderen Leuten – denken Sie, dass alles gut genug für Sie ist und nichts zu gut für andere. Die Beeren sind fast fertig – zu trocken für sie. Ich gehe vielleicht zu Johnsons und Gilders, bin noch nicht in der Stimmung. Schreiben Sie mir, wenn Sie dies erhalten. Liebe Grüße an alle.

Dein liebevoller Vater, JOHN BURROUGHS.

In diesen frühen Briefen an mich unterschrieb er immer mit seinem vollständigen Namen, was er später nie mehr tat.

Die Decken waren zwei Armeedecken, blaugrau mit zwei schwärzlichen Streifen an jedem Ende. Sie rochen nach Rauch von hundert Lagerfeuern und hatten Löcher, die von Funken gebrannt worden waren. Sie waren in vielen Wäldern und Forsten gewesen.

Die Beeren, von denen so leichtfertig die Rede war, stammten von einem großen Beet unterhalb des Arbeitszimmers, ein Unterfangen, das Vater mit kleinen Früchten wagte und das er glücklicherweise nicht wiederholen musste. Die Beeren waren zu hartnäckig in ihren Ansprüchen; man musste sie einfach jeden Tag abpflücken, sonst weinten sie kleine rötliche Tränen und wurden zu weich, um sie zu verschicken. Als Vater das Anwesen kaufte , waren die roten Beeren fast alle ausverkauft – die alten Marlboroughs und Antwerps und Cuthberts, und Vater pflanzte sie weiter, bis sie seine Geduld über alle Maßen strapazierten.

Im Winter gab es weder Trauben noch Beeren, und eine Zeit lang unternahm Vater einige Vortragsreisen, aber nur eine Zeit lang, denn er war zu nervös, zu leicht verlegen und zu leicht erregbar, um Vorlesungen zu halten. Es war zu anstrengend für ihn. Irgendwo passierte etwas Unangenehmes, und lange Zeit danach hielt er keine offiziellen Vorlesungen mehr, wenn er überhaupt jemals eine offizielle Ansprache hielt.

Er erzählte einem seiner Zuhörer, dass Emerson gesagt hatte, wir würden stärker, wenn wir Dinge täten, die wir nicht gern täten, und alle lachten, denn das war genau die Einstellung, die Vater zu seinen Vorlesungen hatte. Trotzdem schien er sich auf einer Vortragsreise ziemlich gut zu amüsieren, wie der folgende Brief zeigt, den er während einer Vorlesungsreise schrieb:

Cambridge, Mass., 6. Februar 1996.

MEIN LIEBER JULIAN,

Bisher ist es mir sehr gut ergangen. Ich kam Sonntagabend um 21:05 Uhr in Boston an. Ich ging an diesem Abend zum Haus der Adams. Montag um 15:00 Uhr ging ich nach Lowell und sprach vor den Frauen – eine ganze Menge von ihnen. Ich kam sehr gut klar. Eine von ihnen nahm mich zum Abendessen mit nach Hause. Ich kam um 21:00 Uhr zum Haus der Adams zurück. Dienstagabend ging ich mit Kennedy nach Hause und blieb die ganze Nacht. Mittwoch kam ich nach Cambridge zum Haus von Mrs. Ole Bull, die mir eine Einladung geschickt hatte. Ich bin jetzt bei ihr: Es regnet den ganzen Tag in Strömen. Heute Abend soll ich vor dem Procopeia- Club sprechen und morgen Abend vor der Metaphysical Society. Ich traf Clifton Johnson in Boston und gehe am Samstag zu ihm und bleibe vielleicht am Sonntag dort oder komme am Sonntag mit dem Zug um 17:04 Uhr nach Hause … Gestern Abend habe ich einige Harvard-Professoren gesehen. Ich hoffe, Ihnen und Ihrer Mutter geht es gut und Sie leben in Frieden und Ruhe. Alles Liebe für Sie beide.

Dein liebevoller Vater, JOHN BURROUGHS.

Einer der Feinde, die wir im Weinberg bekämpfen mussten, war die Fäule, die Schwarzfäule, eine eingeschleppte Krankheit der Trauben, die einige Jahre lang alles heimsuchte. Dann stoppte das Besprühen mit der Bordeaux- Mischung aus Kalk und Kupfersulfat die Krankheit und stoppte sie schließlich ganz – aber es waren die frühen Spritzungen, die zählten. Ich erinnere mich, dass Vater dies ein Jahr lang in seiner lockeren, optimistischen Art vernachlässigte, und später, als die Fäule begann, war das Spritzen vergeblich, und ich weiß, dass ich ihn dafür zur Rede stellte, was ich jetzt bedauere. Der folgende Brief spricht davon und davon, dass ich aufs College gehen würde, etwas, das wir bis zum letzten Moment nicht in Betracht zogen. Vater, der kein College-Student war, hatte nicht daran gedacht:

Lee, Mass., 21. Juli 1897.

LIEBER JULIAN,

Ich habe Ihren Brief heute Morgen erhalten. Ich habe eine schöne Zeit hier, aber ich glaube, ich werde diese Woche nach Hause zurückkehren, da die Fäule in den Niagarafällen ziemlich schlimm zu wirken scheint und der Regen und die Hitze anhalten. Mr. Taylor ist tot und begraben. Er starb an dem Tag, als ich abreiste (Freitag). Rodman mag Harvard sehr und sagt, er wird alles für Sie tun, was er kann. Er sagt, wenn Sie in der Memorial Hall mitmachen wollen , sollten Sie sich sofort anmelden. Es gibt hier einen besonderen Harvard-Studenten, einen Mr. Hickman, der Mr. Gilders Kinder unterrichtet. Ich mag ihn sehr. Er ist an der Lawrence Scientific School – ungefähr in Ihrem Alter und ein feiner Kerl – aus Nova Scotia. Ich war bei den Johnsons in Stockbridge. Owen ist in Yale verliebt und möchte, dass Sie dorthin kommen. Owen wird Schriftsteller , er hat bereits einen Platz im Yale „Lit" belegt. Er hat sich enorm verbessert und ich mag ihn sehr. Wir haben gestern zusammen einen fünf Meilen langen Spaziergang gemacht. Rodman wird, glaube ich, Journalist. Er ist bereits einer der Herausgeber einer Harvard-Zeitung – „The Crimson", glaube ich. Die Gegend hier ähnelt sehr dem Delaware unterhalb von Hobart. Ich werde in Salisbury Halt machen, um Miss Warner zu besuchen, und dann am Freitag oder Samstag nach

Hause fahren. Ich werde meinen Verlegern schreiben, damit sie Ihnen Hills Rhetorik schicken. Ich denke, Sie sollten am besten Anfang nächster Woche nach Hause kommen und bei mir bei SS bleiben. Liebe Grüße an alle.

Dein dich liebender Vater,

JOHN BURROUGHS.

Wenn die Trauben nicht reifen , werden wir versuchen, das Geld für Ihre Harvard-Ausgaben aufzutreiben. Ende 1898 rechne ich damit, mit meinen Büchern deutlich mehr Geld zu verdienen – mindestens 1.500 Dollar pro Jahr.

Letzteres war ein Nachtrag mit Bleistift. Offenbar hatte Vater die Traubenfäule im Sinn, aber an diesem Tag, dem 21. Juli, waren die Würfel gefallen; man konnte nichts mehr tun. Wenn sie im Mai und Juni richtig gespritzt worden waren, konnte man über die Schwarzfäule lachen, aber sehr wahrscheinlich hatte Vater sich nicht darum gekümmert; das heißt, er hatte den Knecht spritzen lassen. Er hatte andere Fische im Feuer, wie er oft sagte. Für mich ist das Wunderbare an der ganzen Sache, dass er so viele Eisen im Feuer hatte und immer schreiben konnte. Die verschiedenen Besitztümer, die Vater im Laufe seines Lebens anhäufte, würden allein schon seine ganze Zeit in Anspruch nehmen, wäre da nicht sein fröhliches Wesen und seine wunderbare Fähigkeit, sie beiseite zu legen, wenn die Muse ihn anstupste.

Zuerst hatte er das Anwesen hier, Riverby , dem er später weitere neun Morgen hinzufügte, alles rodete und umgrub und die besten Trauben anbaute, die am meisten Arbeit und Mühe machten: Delawares, Niagaras , Wordens und Moore's Early. Es wurden auch andere Sorten ausprobiert, die einst berühmten Gaertner, Moore's Diamond, Green Mountain oder Winchell und so weiter. Und auch Johannisbeeren, Hektar davon unter und zwischen den Weinreben, und Bartlett-Birnen und Pfirsiche. Während ich schreibe, kommt mir ein Bild in den Sinn, wie Vater oben auf einem Pfirsichbaum auf einer hohen Trittleiter Pfirsiche pflückt und ein paar Mädchen mit Kameras ihn fotografieren und alle lachen und die Mädchen ausrufen: „Der Gnade der Kodakers ausgeliefert" – und Vater genoss den Scherz und pflückte weiche Pfirsiche für sie. Er pflückte gern Pfirsiche. Die große, schöne Frucht in ihren glänzenden grünen Blättern gefiel ihm, und er sagte: „Wenn ich an eine stoße, die zu weich zum Transport ist, kann ich sie essen." Ich kann mich noch gut daran erinnern, wie wir die gefüllten Körbe zum Dock trugen, von wo aus sie in die Stadt transportiert wurden, und wie Vater mit einem Korb auf der Schulter vorausging und wie er stolperte und kopfüber stürzte, sein Kopf über dem steilen Felsvorsprung hing, der Korb beim Fallen zerbarst und die Pfirsiche weit über die Felsen darunter flogen. Wir sammelten die Pfirsiche auf, und Vater war nicht verletzt, obwohl er so nah an der Spitze des steilen Felsvorsprungs fiel , dass sein Kopf und seine

Schulter herabhingen und sein Gesicht rot wurde, als er versuchte, sich zurückzuhalten.

Anfang der neunziger Jahre kaufte er das Land und baute Slabsides , wobei er die drei Morgen Selleriesumpf säuberte; und eine Zeit lang verbrachte er viel Zeit dort. „Wildes Leben in meiner Hütte" war einer der Naturaufsätze, die über Slabsides geschrieben wurden . Die Hütte war mit Platten bedeckt, und Vater wollte ihr einen Namen geben, der hängen blieb, sagte er, einen, der leicht mit dem Ort in Verbindung gebracht werden konnte, und das ist ihm sicherlich gelungen, denn jeder kennt Slabsides . Onkel Hiram, Vaters ältester Bruder, verbrachte viel Zeit mit ihm dort, die beiden Brüder, Welten voneinander entfernt in ihrer geistigen Verfassung und ihrer Einstellung, verbrachten viele einsame Abende zusammen, Vater las die besten Philosophien oder Essays, Onkel Hiram trommelte und summte leise vor sich hin, träumte auch seine Träume, sah aber nie ein Buch oder auch nur eine Zeitschrift an. Bald schlief er in seinem Sessel ein, und vor dem schwach brennenden offenen Feuer träumte Vater seine Träume, von denen er so viele wahr werden ließ, und lauschte den wenigen nächtlichen Geräuschen des Waldes. Vater bemühte sich sehr, Onkel Hirams Träume wahr werden zu lassen. Er gab ihm viele Jahre lang ein Zuhause und half ihm bei der Bienenhaltung. Er hatte vollstes Mitgefühl mit ihm und verstand seine Hoffnung, dass die Bienen „nächstes Jahr" alles zurückzahlen würden.

Jemand fing eine große Mokassinschlange, eine der bösartigsten Giftschlangen, die hier glücklicherweise recht selten ist, und Vater hielt sie eine Zeit lang in einem Fass in der Nähe von Slabsides . Später hatte er genug von ihr, aber er brachte es nicht übers Herz, sie, seine Gefangene, zu töten. „Nachdem ich ein Tier eingesperrt und jeden Tag beobachtet habe, kann ich nicht hinausgehen und es kaltblütig töten", sagte er halb entschuldigend für seine Tat. Er befahl dem Mann, der im Sumpf arbeitete, die Schlange samt Fass zwischen die Felsen zu tragen und ihn dort freizulassen. Als der Mann außer Sichtweite war, tötete er die Schlange sofort. Mir scheint, sie hatten beide recht, und die Schlange, obwohl unschuldig, musste leiden.

Es waren ungefähr drei Kilometer bis Slabsides , ein gutes Stück davon durch den Wald und ein Teil einen sehr steilen Hügel hinauf. Ich kann mir vorstellen, wie Vater mit seinem Einkaufskorb auf dem Arm losging, der so voll mit Lebensmitteln und Lesestoff war, wie er mit Elan auftrat . Ich gebe zu, dass er Mutters Vorratskammer oft plünderte, und er war nicht abgeneigt, Kuchen und Torte zu essen. Tatsächlich wuchs er größtenteils mit Kuchen auf und aß bis vor wenigen Jahren immer reichlich davon. „Seine Leute", wie Mutter sagen würde, aßen immer dreimal am Tag mindestens drei Sorten Kuchen und dann noch mehr Kuchen als letztes vor dem Schlafengehen. In Slabsides wurde das meiste über dem offenen Feuer gekocht – Kartoffeln und Zwiebeln in der Asche gebacken, Lammkoteletts über den Kohlen gebraten, Erbsen frisch aus dem Garten – wie Vater das alles genoss – die Süße der Dinge! Er summte:

„Er lebte ganz allein, am Rande der

Wo das Fleisch am süßesten ist, da isst er immer am meisten ,"

und er stellte sich gern vor, dass dieser alte Reim auf ihn selbst zutraf.

Die Innenausstattung von Slabsides bestand aus Birken- und Buchenstangen mit Rinde, und viele der Möbelstücke fertigte er aus natürlichen Krümmungen und Gabeln. Er hielt, wie er sagte, immer „die Augen offen", um ein Stück natürliches Holz zu finden, das er verwenden konnte. Die Bittersüße hat die Angewohnheit, sich um einen jungen Baum zu winden, und wenn die beiden wachsen, hinterlässt sie eine Markierung am Baum, die ihn aussehen lässt, als wäre er verdreht. Ein solches Stück, eine kleine Schierlingstanne, hängt über dem Kamin, und Vater erzählte, wie er den Mädchen, die Slabsides besuchten, erzählte , dass er und der Knecht diesen Stock von Hand verdreht hätten. „Wir haben ihnen erzählt, wir hätten ihn genommen, als er noch grün war", lachte er, während er die Geschichte erzählte, „und ihn so verdreht, wie Sie es sehen, dann befestigt und er ist so getrocknet oder abgelagert worden – und sie haben es geglaubt!" und er kicherte laut darüber.

Im Jahr 1913 gelang es Vater mit Hilfe eines Freundes, das alte Gehöft in Roxbury zu kaufen. Dann baute er eines der Bauernhäuser dort aus, das vor langer Zeit sein Bruder Curtis erbaut hatte. Damit schuf er das dritte Wahrzeichen seines Lebens, von dem jedes einzelne die Zeit und Sorgfalt eines Mannes in Anspruch nahm. Er nannte es Woodchuck Lodge und verbrachte die letzten Jahre seines Lebens größtenteils dort. Er ging im Juni hinaus und kehrte im Oktober zurück.

Als der folgende Brief geschrieben wurde, verbrachte Vater viel Zeit in Slabsides und interessierte sich sehr für den dort angebauten Sellerie und Salat sowie die Weintrauben in Riverby . Die erwähnte schwarze Ente hatte ich geflügelt und mit nach Hause genommen; sie war extrem wild, bis wir sie zu den zahmen Enten setzten, woraufhin sie, wie Vater es ausdrückte, „sich an ihnen ein Beispiel nahm und zahmer wurde als die zahmen."

Slabsides , 13. Juli 1997.

MEIN LIEBER JULIAN,

Ich lege Ihnen ein Rundschreiben des Amherst College bei, das Sie gestern erhalten haben. Sie würden an einem der kleinen Colleges zweifellos genauso gut oder besser abschneiden als an Harvard. Der Unterricht ist genauso gut. Nicht das College macht den Mann, sondern umgekehrt. Oder Sie könnten diesen Herbst nach Columbia gehen. Sie wären näher zu Hause und hätten ebenso fähige Dozenten wie an Harvard. Harvard hat derzeit keine erstklassigen Studenten. Aber wenn Sie sich Harvard in den Kopf gesetzt haben, würden Sie als Sonderstudent natürlich genauso gut abschneiden wie als Student, der an einem College aufgenommen wurde. Sie würden nur das Unwesentliche vermissen. Ihr Schafsfell wollen Sie nicht; alles, was Sie wollen, ist, was sie Ihnen beibringen können.

Seit du weg bist, hat es hier fast immer geregnet. Die Trauben fangen an zu faulen, und wenn dieser Regen und diese Hitze anhalten, könnten wir sie alle verlieren. Wenn die Trauben verderben, habe ich dieses Jahr kein Geld mehr, damit du wegfahren kannst.

Samstagnacht wurde eine weitere Ente getötet, eine der letzten Bruten . Es sah aus wie das Werk eines Waschbären und Hiram und ich beobachteten die ganze Sonntagnacht mit dem Gewehr, aber nichts kam und letzte Nacht kam nichts, soweit wir wissen.

Sag mir, was du von deinem Kumpel hörst. Ich werde heute Abend auf einen Brief von dir warten. Es regnet immer noch und um vier Uhr sieht der Himmel so dick und scheußlich aus wie immer. Es droht so zu sein wie vor acht Jahren, als du und ich in dem alten Haus waren. Sag mir, was Mr. Tooker sagt usw. Ich gehe vielleicht Ende der Woche zu Gilders.

Dein liebevoller Vater, JOHN BURROUGHS.

Ihre schwarze Ente wird zahm und versteckt sich überhaupt nicht.

Für die heutige Generation ist es schwer zu begreifen, welchen Schatten oder vielmehr Einfluss der Bürgerkrieg auf die Zeit von Vaters Generation warf. Kriegsveteranen , Paraden, Renten, Kriegsgeschichten – er prägte einen Großteil des bürgerlichen, sozialen, politischen und sogar literarischen Lebens jener Zeit. In der Architektur haben manche von dieser Zeit als der General Grant Period gesprochen. Was ist aus den „Panoramen" geworden? Ich erinnere mich, wie ich mit Vater eines besuchte – man ging in ein Gebäude, eine Treppe hinauf und kam auf einen Balkon, einen runden Balkon in der Mitte , und rundherum war ein Bild von einem der Schlachtfelder des Krieges, explodierende Granaten, angreifende, fallende Männer und alles, immer die beiden Flaggen, in Rauch gehüllt. Es machte einen großen Eindruck auf meinen jungen Geist. Vater kannte viele Kriegsveteranen, und gemeinsam lasen wir die Eindrücke seines Freundes Charles Benton, „As Seen from the Ranks", und er pflegte die Freundschaften, die er in den Jahren, die er in Washington lebte, geschlossen hatte.

Washington, D.C,

Mch . 2. Platz. {1897.}

LIEBER JULIAN,

Ich bin gestern Abend aus NY angekommen, habe NY um 3:30 verlassen und war um 8:45 hier, Hin- und Rückfahrt 8 $, Ticket gültig bis nächsten Montag. Ich hatte eine schöne Zeit in NY und bin die ganze Zeit besser geworden, obwohl ich oft nicht richtig geschlafen habe. Ich habe bei Hamlin Garland im Hotel New Amsterdam übernachtet, ich mag ihn sehr, er kommt hierher. Ich war jeden Tag zum Abendessen und Mittagessen auswärts. The *Century* hat mir 125 $ für einen weiteren kurzen Artikel über Vogelgesänge bezahlt. Ich habe ihn in der Woche vor meiner Krankheit geschrieben. Es ist schön hier heute Morgen, warm und mild wie im April, die Straßen staubig. Bakers Leuten geht es gut und sie sind sehr nett zu mir. Sie haben ein großes Haus auf Meridian Hill, wo alles Wildnis war, als ich hier lebte. Ich werde bis nächsten Montag hier bleiben. Schreib mir, wenn du das hier bekommst, wie es läuft und wie es deiner Mutter geht. Sag Hiram, dass du von mir gehört hast.

Dein dich liebender Vater,

JOHN BURROUGHS.

Herbst 1897 aufs College ging, konnte ich unser Leben in Riverby aus einem neuen Blickwinkel betrachten, wie es oft der Fall ist, man muss sich ein Stück weit entfernen, um einen Ort klar zu sehen. Und da es das erste Mal war, dass ich von zu Hause weg war, schrieb mir Vater häufiger und ließ die Förmlichkeit seiner früheren Briefe fallen.

West Park, NY, 11. Oktober. {1897.}

MEIN LIEBER JULIAN,

Ihr Brief war Montagmorgen hier. Es tut mir leid, dass Sie Ihrer Mutter keine Nachricht darin geschickt haben. Sie wissen, wie schnell sie sich beleidigt fühlt. Warum richten Sie Ihre Briefe nicht in Zukunft an uns beide – also „Lieber Vater und liebe Mutter". Aber schreiben Sie das nächste Mal nur an sie. Wie wäre es mit dem Geologiekurs bei Shaler? Ich dachte, Sie würden den belegen? Ich hätte lieber, Sie würden den belegen als einen Kurs in englischer Komposition. Lesen Sie Ruskins „Modern Painters", wenn Sie Gelegenheit dazu haben. Lesen Sie Emersons „English Traits" und seine „Representative Men".

Schicken Sie mir einige der Bilder, die Sie von den Suter-Mädchen in Slabsides gemacht haben , und alle anderen, die mich interessieren könnten.

Ich gehe heute für zwei oder drei Tage zu den Harrimans in Arden. Letzten Samstag hatte ich 25 Vassar-Mädchen bei SS und erwarte diesen Samstag noch mehr. Lown sagte, Black Creek sei am Sonntag voller Enten gewesen

– ich sehe nur wenige auf dem Fluss. Grüß die Suter-Mädchen von mir …
In letzter Zeit viel Nebel hier.

Dein liebevoller Vater, JB

Enten im Black Creek – das zu lesen war verlockend! Es weckte Erinnerungen an die Tage, als Vater und ich dort auf Entenjagd gingen. Ich werde nie vergessen, wie beeindruckt er von einer Ente war, so beeindruckt, dass er ausführlich in einem Artikel darüber sprach, den er schrieb – „Der Witz einer Ente". Er paddelte mit mir die sonnenbeschienenen Ausläufer des Shataca am Black Creek hinauf, als plötzlich zwei dunkelbraune Stockenten oder schwarze Enten aus dem Weidenröschen und der Seide hervorbrachen und wie der Wind über unsere Köpfe hinwegfegten. Ich benutzte eine leistungsstarke Entenflinte und brachte beide Enten zur Strecke, eine jedoch mit einem gebrochenen Flügel. Die Ente stürzte herunter und schlug mit einem feinen Platschen auf das Wasser auf, wo sie einen Moment lang in der Sonne glänzte und glitzerte. Und das war alles, die Ente war sofort verschwunden, wir sahen sie nie wieder. Was natürlich geschah, war, dass die Ente mit ihrem anderen Flügel und ihren Füßen tauchte und im Gebüsch auftauchte, wo sie sich versteckte, wobei zweifellos nur ein halber Zoll ihres Schnabels aus dem Wasser ragte. Seine Geistesgegenwart, die sofort und ohne Zögern wirkte, ließ Vater vor Staunen aufschreien.

Vater war nie ein Sportsmann im eigentlichen Sinne – er hatte nie eine Schrotflinte, die wirklich zu irgendetwas taugte, oder Jagdhunde oder Jagdkleidung – ein Paar Gummistiefel, die er zum Forellenfischen benutzte, war alles, was er in dieser Hinsicht mitbrachte – es sei denn, man zählte den weichen Filzhut, grau, zerrissen, mit ein paar Fliegen oder Haken, die im Band steckten. Er war ein erfahrener Forellenfischer, aber er war nicht abgeneigt, Heuschrecken, Würmer, lebende Köder oder Köcherfliegenlarven zu verwenden. Ich weiß noch, dass wir eines Tages im Shataca standen und Vater schoss und schoss auf die schwarzen Enten, die über uns hinwegflogen, und er beklagte sich über seine mangelnde Geschicklichkeit, weil er sie nicht zur Strecke bringen konnte. „Dick Martin hat diese Kerle jedes Mal zur Strecke gebracht", sagte er. Wenn ich im Licht späterer Erfahrungen darauf zurückblicke , bin ich sicher, dass die Enten außer Reichweite waren und dass die geliehene Waffe ein schwaches armes Ding war, keine Entenflinte. Wir bauten uns auf einer kleinen Insel im Sumpf ein Häuschen aus Ästen, legten uns hinein, duckten uns, und bald kamen ein paar Enten herunter, senkten ihre Füße und ließen sie ins Wasser fallen. „Nicht schießen, Poppie, nicht schießen!", rief ich, und er schoss nicht, und bis heute weiß er nicht, warum ich ihm so einen schlechten Rat gegeben hatte – ich hatte Angst vor dem Gewehrlärm! Vater dachte, ich wollte, dass er wartete, bis sie näher waren. Aber die Gelegenheit dazu kam nie wieder, und wir gingen ohne Enten nach Hause .

In einem seiner Aufsätze sprach Vater von einer großen Familie wie von einem großen Baum mit vielen Ästen, der zwar den Gefahren der Stürme und aller Feinde der Bäume ausgesetzt war, dafür aber mehr Sonne, mehr Platz für Vögel und ihre Nester, mehr Schönheit usw. hatte. Ich sagte ihm, dass Balzac dieselbe Idee in weniger Worten zum Ausdruck gebracht hatte, und einen Moment lang sah er besorgt aus. Balzac sagte: „Unsere Kinder sind unsere Geiseln des Schicksals." Und jede Art, diese ähnliche Idee auszudrücken, ist charakteristisch für den Mann. In vielerlei Hinsicht war Vater wie ein weit ausladender Baum – seine intensive Natur war eine, die all die Sonne und Schönheit des Lebens einfing, genug und mehr, um den Kummer und Schmerz, den er kannte, auszugleichen. Auf Abenteuer im Freien, das Anbeißen einer großen Forelle auf seine Fliege, das plötzliche Auftauchen eines großen wilden Tiers – wie würde sein ganzes Wesen reagieren! Er war sich dieser Eigenschaft sehr bewusst und sprach oft davon – tatsächlich hatte er kein Verlangen danach, kalt und berechnend zu sein, weder gegenüber dem Ungewöhnlichen noch gegenüber der Schönheit der Natur. Mir fällt ein Beispiel für diese Eigenschaft von ihm ein: An einem Tag Anfang März war ich hier auf dem Hudson auf Entenjagd, und Vater beobachtete mich vom Ufer aus mit einem Fernglas. Er saß in einer sonnigen Ecke neben den hohen Felsen unterhalb des Hügels. Ich war mit meinem Entenboot, das ich so bemalt hatte, dass es wie eine Eisplatte aussah, auf dem treibenden Eis und paddelte sehr vorsichtig auf einen Schwarm von etwa hundert Kanadagänsen zu. Als ich fast in Reichweite war , stellte ich fest, dass meine Rinne im Eis geschlossen war, und konnte nicht näher herankommen, aber in unmittelbarer Nähe gab es eine andere Rinne im Eis, die mich leicht in Reichweite gebracht hätte. Um zu dieser Rinne zu gelangen, musste ich aus der, in der ich mich befand, zurückweichen, was angesichts der wachsamen Gänse so nah ein ziemlich heikles Unterfangen war. Aber es gelang mir, und soweit ich mich erinnere, erlegte ich einige Gänse. Aber Vater an Land konnte die schmalen Rinnen in den großen Eisfeldern nicht sehen; Er sah nur, dass ich in der Nähe der Gänse plötzlich nach hinten zu treiben begann, und als er mich hinterher allein beurteilte, sagte er: „Ich dachte, als Sie die ganzen Gänse so nah sahen, wurden Sie so aufgeregt, dass Sie völlig überwältigt waren oder so etwas – und lagen dort auf dem Boden des Bootes, hilflos im Eis!"

Die folgenden drei Briefe zeigen, wie er den Fluss nach wandernden Wildvögeln absuchte:

Samstag,

Riverby , 26. März 1898.}

MEIN LIEBER JULIAN,

Ihr Brief ist angekommen. Ich lege einen Scheck über 10 $ bei, da ich keine Rechnungen bei mir habe. Sie können ihn bei Houghton, Mifflin Co., Nr. 4 Park St. einlösen lassen – fragen Sie nach Mr. Wheeler. Oder vielleicht löst ihn der Schatzmeister des Colleges ein. Uns geht es allen gut und wir beginnen mit der Frühjahrsarbeit. Hiram und ich pfropfen Trauben, und die Jungen binden Asche zusammen und schleppen sie weg. Das Wetter ist schön und ein sehr früher Frühling ist angesagt. Ich habe keine Wildgans und nur zwei oder drei Entenschwärme gesehen. Ich wäre gern mit Ihnen auf der Sportsman's Fair gewesen. Wenn Sie diese Wasserschuhe oder Fußboote herstellen, rate ich Ihnen, sich daran zu halten – machen Sie sie so wie die, die Sie gesehen haben.

Ihr Satz über das Flüstern der Entenflügel usw. war gut. Ruskin erfand den Ausdruck „pathetic fallacy". Sie werden ihn wahrscheinlich in Ihrer Rhetorik finden. Auf Ihren Satz angewandt war er in Ordnung.

Susie ist sehr schlagfertig.

Die Shad-Männer machen sich bereit. Ich hoffe, Sie werden hingehen und sich die Vorlesungen des Franzosen Domnic anhören. Es lohnt sich, ihm zuzuhören. Ich werde sehr froh sein, wenn Sie in den Osterferien wieder nach Hause kommen, denn ich denke selten an Sie. Ich habe zwei Gallonen Ahornsirup gemacht. Walt Dumont veranstaltet heute Nachmittag eine Auktion. Nip und ich gehen hin.

Dein dich liebender Vater,

JOHN BURROUGH

Nip war ein Foxterrier, der jahrelang Vaters ständiger Begleiter war, und sie erlebten zusammen viele Abenteuer.

Riverby , 8. März {1898}

MEIN LIEBER JULIAN,

Ich wünschte, Sie wären hier, um diesen schönen Frühlingsmorgen zu genießen. Es ist wie im April, hell, ruhig, warm und verträumt, Spatzen singen, Rotkehlchen und Blaumeisen rufen, Hühner gackern, Krähen krächzen, während das Ohr ab und zu die langgezogene Klage der Feldlerche vernimmt. Das Eis im ruhigen Fluss schwimmt träge vorbei und ich wage zu behaupten, dass Ihr Jagdrevier voller Enten ist. Ich koche Saft auf dem alten Ofen, der hier im Holzfällerhof aufgestellt ist. Ich habe zehn Bäume angezapft und viel Saft. Ich wünschte, Sie hätten etwas von dem Sirup. Ihre Mutter ist gestern zurückgekommen und ist jetzt in der Küche beschäftigt, noch gut gelaunt, wenn es nur so lange dauert. Sie hat ein Mädchen eingestellt, das bald erwartet wird. Ihr Brief kam gestern. Zweifellos werden Sie Spaß daran haben, mit den Jungs den „Superhelden" zu spielen. Es wird eine neue Erfahrung sein. Erzählen Sie mir alles darüber. Eine Nachricht von Kennedy besagt, dass er Trowbridge kürzlich gesehen hat und dass T Sie einladen wird, ihn zu besuchen. Geh, wenn er dich fragt, er ist ein alter Freund von mir und ein netter Mann. Du hast seine Geschichten gelesen, als du ein Junge warst. Er hat ein paar nette Mädchen. Grüße ihn von mir, wenn du gehst.

Ich sehe oder höre in letzter Zeit keine Enten, ich glaube, sie kommen nur langsam. Aber ich muss aufhören. Schreib bald.

Dein dich liebender Vater,

JOHN BURROUGHS.

Wenn Sie Zeit haben, schauen Sie sich meinen Artikel im März- *Century an* . Ich finde den Stil ziemlich gut.

West Park , 2. März {1898}

MEIN LIEBER JUNGE,

Dein Brief kam letzte Woche rechtzeitig an und gestern war deine Mutter auf und hat mir deinen letzten Brief gebracht. Es ist mir eine große Freude zu wissen, dass es dir gut geht und du guten Mutes und Mutes bist. Ich sehe, dass du Schmerzen in den Armen hast, von denen du eitel glaubst, dass die Taillen von Mädchen sie lindern würden. Aber das würden sie nicht, sie würden die Schmerzen nur verschlimmern. Ich habe es versucht und ich weiß es.

Es ist ganz frühlingshaft hier – blaue Vögel und klare, helle Tage und halbkahler Boden und trocknende Straßen und gackernde Hühner. Der Fluss ist bis zum Ellbogen noch zugefroren.

Halten Sie die Fastenzeit so lange Sie können – das heißt, essen Sie langsam – höchstens einmal am Tag. Ihr Kopf wird dann klarer. Mir geht es seit meiner Rückkehr sehr gut und ich schreibe noch. Als ich heute Morgen im Bett lag, kam mir dieser Gedanke in den Kopf – Man geht aufs College, um zwei Dinge zu lernen: Wissen und Bildung. An den technischen Schulen bekommt der Student viel Wissen und wenig Kultur. Die Naturwissenschaften und die Mathematik vermitteln uns Wissen, nur die Literatur kann uns Kultur vermitteln. In der besten Geschichte erhalten wir ein gewisses Maß von beidem, wir erhalten Fakten und kommen mit großen Geistern in Kontakt. Chemie, Physik, Geologie usw. sind keine Quellen der Kultur. Aber Lessing, Goethe, Schiller, Shakespeare usw. sind es. Die Disziplin der Mathematik ist keine Kultur im strengen Sinne; aber die Disziplin, die den Geschmack züchtigt, die Vorstellungskraft nährt, das

Mitgefühl entzündet, die Vernunft klärt, das Gewissen aufwühlt und zu Selbsterkenntnis und Selbstbeherrschung führt, ist Kultur. Diese können wir nur aus der Literatur gewinnen. Arbeiten Sie diesen Gedanken in einem Ihrer Themen ein und zeigen Sie, dass das höchste Ziel einer Universität wie Harvard die Kultur und nicht das Wissen sein sollte.

Deiner Mutter geht es gut und sie wird bald zurück sein. Ich sehe noch keine Enten. Hiram ist noch an seinen Bienenstöcken und die Musik seiner Säge und seines Hammers klingt gut in meinen Ohren. Ich werde heute einen Baum anzapfen.

Dein dich liebender Vater,

JB

Nachdem ich mich eine Zeit lang in Matthews Hall, Cambridge, niedergelassen hatte, kamen Vater und Mutter nach Cambridge, um mich zu besuchen. Vater erzählte in seiner unnachahmlichen Art, dass er Mutter fragte, ob sie an diesen oder jenen Ort gehen wolle, und sie jedes Mal „Nein" sagte; als er dann Cambridge vorschlug, sagte sie „Ja". Als sie nach Riverby zurückkehrten , in das stille, einsame Haus, vermissten sie mich, und Vater schrieb über alles:

Slabsides , 16. Oktober 1897.

MEIN LIEBER JULIAN,

... Wir sind Donnerstagabend nach einer staubigen und ermüdenden Fahrt sicher nach Hause gekommen. Es ist sehr einsam im Haus. Ich glaube, wir vermissen dich beide jetzt mehr als vor unserer Abreise von zu Hause; es ist jetzt eine Gewissheit, dass du dort in Harvard festsitzt und dass eine große Kluft uns trennt. Aber wenn du nur gesund bleibst und in deinem Studium erfolgreich bist , werden wir die Trennung freudig ertragen. Kinder haben kaum eine Ahnung, wie sehr sich die Herzen ihrer Eltern nach ihnen sehnen. Wenn sie erwachsen werden und eigene Kinder haben, dann verstehen sie es und seufzen, und seufzen, wenn es zu spät ist. Wenn du alt wirst, wirst du nie vergessen, wie dein Vater und deine Mutter dich in Harvard besuchten und sich so sehr bemühten, etwas für dich zu tun. Als ich in deinem Alter war und in Ashland zur Schule ging, kamen Vater und Mutter eines Nachmittags in einem Schlitten und verbrachten ein paar Stunden mit mir. Sie brachten mir ein paar Mince Pies und Äpfel mit. Der einfache alte Bauer und seine einfache alte Frau, wie unbeholfen und merkwürdig sie inmitten der Menge junger Leute aussahen, aber wie kostbar ist mir der Gedanke und die Erinnerung an sie! Später im Winter kamen Hiram und Wilson jeweils mit einem Mädchen in einem Kutter und blieben etwa eine Stunde ... Die Welt sieht schön aus, aber traurig, traurig. Schreiben Sie uns oft.

Dein liebevoller Vater, JB

„Wenn es zu spät ist" – wie sehr verstand er es, wie groß war sein Mitgefühl! Wie viel Kummer müssen diese Worte uns allen irgendwann einmal bereiten! Vater verstand es, ich nicht – und jetzt ist es zu spät.

West Park, NY, 7. November 1897.

MEIN LIEBER JULIAN,

Wenn Sie jetzt gegen sieben Uhr abends nach Westen über Neuengland blicken, werden Sie wieder ein Licht in meinem Arbeitszimmerfenster sehen – ein schwaches Licht dort am Ufer des großen Flusses – schwach sogar für das Auge des Glaubens. Wenn Ihr Auge scharf genug ist, werden Sie mich dort bei meiner Lampe sitzen sehen, wie ich an Büchern oder Papieren knabbere oder in meinem Stuhl in tiefe Meditation versunken döste. Wenn Sie in meine Gedanken eindringen könnten , würden Sie sehen, dass ich oft an Sie denke und mich frage, wie Ihr Leben dort in Harvard verläuft und was die Zukunft für Sie bereithält. Ich fand meinen Weg vom Arbeitszimmer mit Gras überwuchert, fast ausgelöscht. Das machte mich traurig. Bald, bald, sagte ich, werden alle Wege, die ich in dieser Welt gegangen bin, überwuchert und vernachlässigt sein. Ich hoffe, Sie können einige davon offen halten. Die Wege, die ich in der Literatur gegangen bin, können Sie, so hoffe ich, offen halten und selbst andere gehen.

Dein liebevoller Vater, JB

Vater war immer enttäuscht, dass ich nicht mehr schrieb, dass ich sein Werk nicht fortführen konnte – aber das war mehr, als er eigentlich hätte erwarten sollen. Er war ein Essayist, der von einem literarischen Ehrgeiz beseelt war, der über sechzig Jahre lang nie nachließ oder verblasste. Einmal schrieb ich eine kurze Einleitung zu einer Jagdgeschichte, die in einer Sportzeitschrift einen Preis gewann, und ich werde nie vergessen, wie erfreut Vater darüber war – „Es hat mich mit Emotionen erfüllt", sagte er, „es hat mir Tränen in die Augen getrieben – schreiben Sie ein ganzes Stück wie dieses, und ich schicke es an den *Atlantic* ."

Wie sehr liebte er treffende Formulierungen, treffende Wortkombinationen, die Form und Inhalt in Einklang brachten! Ich weiß noch, dass ich eine kleine silberne Tasse oder einen Becher hatte, den ich bei Tisch benutzte, und als ich meine erste Lokomotivglocke langsam läuten sah , schaute ich ihr zu und rief: „Tasse, öffne Glocke." Wie Vater lachte und es mir später wiederholte – die kindliche Art, das Fremde und Neue in Begriffen des Vertrauten und Alten auszudrücken. Der kleine Sohn eines Freundes von Vater rief, als er zum ersten Mal das Meer sah: „Oh, der große Regen!", und Vater lachte über diesen Ausdruck und schlug sich vor Freude auf die Seiten. Die einfachen Ausdrücke gefielen ihm immer. Eines Tages kamen einige Kinder, um ihn zu besuchen. Sie waren von ihren Eltern mit der strengen Anweisung geschickt worden, „den Mann selbst" zu sehen, und als sie Vater fragten, ob er „der Mann selbst" sei, lachte er herzlich und sagte ihnen, er vermute, dass er es sei. Er erzählte und spielte immer gern die Geschichte von dem Mann nach, der in den Keller ging, um einen Krug Milch zu holen. Beim Hinuntergehen fiel er die Steintreppe hinunter und verletzte sich schmerzhaft. Während er stöhnend dalag und sich rieb , hörte er seine Frau rufen: „John, hast du den Krug zerbrochen?" Als er sich in seiner Qual umsah, sah er den Krug intakt. „Nein", rief er zurück und biss die Zähne zusammen, „aber beim Donnerwetter, das werde ich", und er packte ihn am Griff und schleuderte ihn wild über die Steine. Und Vater verstand genau, wie er sich fühlte.

Sein großes Interesse an der Selbsterkenntnis geht aus dem folgenden Brief hervor:

Riverby , 17. November 1897.

MEIN LIEBER JULIAN,

Ich war sehr traurig, als ich von dem „D" und „E" hörte. Ich war wahrscheinlich genauso niedergeschlagen wie Sie. Ich bin melancholisch, seit ich davon gehört habe. Aber Sie werden sich bald besser fühlen … Eine Sache fehlt Ihnen sehr, wie ich annehme, den meisten Jungen – Selbsterkenntnis. Sie scheinen nicht zu wissen, was Sie können und was nicht, oder wann Sie versagt oder Erfolg gehabt haben. Sie haben schon immer gern Dinge ausprobiert, die über Ihre Fähigkeiten hinausgehen (ich auch), wie beim Boot. Ich glaube, Sie überschätzen sich, was ich nie getan habe. Sie dachten, Sie hätten in Englisch eine „1" haben sollen, und waren nicht auf Ihre schlechten Noten in Französisch und Deutsch vorbereitet. Prüfen Sie sich ein wenig und ersticken Sie die Einbildungspflanze; schätzen Sie sich fair ein und setzen Sie sie lieber zu niedrig als zu hoch an. Ich bin sicher, dass ich meine eigenen Schwachstellen kenne, sehen Sie, ob Sie Ihre nicht finden können. Über das Sprichwort der Alten „Erkenne dich selbst" sollte man täglich nachdenken. Ich halte meine Erwartungen immer niedrig, damit ich nicht enttäuscht bin, wenn ich eine 4 oder 6 bekomme. Mein Erfolg im Leben hat meine Erwartungen weit übertroffen. Ich kenne mehrere Autoren, die meinen, sie hätten nicht bekommen, was ihnen gebührt; aber es ist ihre eigene Schuld. Ich habe gerade Folgendes bei Macaulay gelesen: „Wenn ein Mann aus Cambridge {wo er 1822 seinen Abschluss machte} Selbsterkenntnis, Genauigkeit des Geistes und die Gewohnheit starker intellektueller Anstrengung mitbringt, hat er das Beste bekommen, was das College ihm bieten kann." Das ist auch meine Meinung.

Dein dich liebender Vater,

JB

Slabsides , 27. Oktober {1897.}

MEIN LIEBER JUNGE,

Ich habe Ihren Brief gestern hier gefunden, als ich aus New Jersey zurückkam, wohin ich am Samstag gefahren war, um Mr. Mabie zu besuchen. Ich habe mich gefreut, von Ihnen zu hören. Sie müssen mindestens einmal pro Woche schreiben. Besorgen Sie sich die Ruderhosen, die Sie meinen, und alles andere, was Sie wirklich brauchen. Versuchen Sie nicht, von weniger als 3,50 Dollar pro Woche zu leben. Wählen Sie die einfachste und nahrhafteste Nahrung – nur einmal am Tag Fleisch – keinen Kuchen, sondern Obst und Pudding. Das Wetter ist hier immer noch schön und trocken; noch kein Regen und kein starker Frost.

Sellerie ist am meisten im Angebot; nicht mehr als 175 Dollar für diese zweite Ernte. Ich nehme die Niagaras unterhalb des Hügels heraus – nichts zahlt sich aus, außer Delawares in der Traubenlinie. Ich hatte wie üblich viel Gesellschaft. Das muntert mich auf und bewahrt mich vor den blauen Teufeln. Deine Mutter putzt das Haus und stöhnt wie üblich. Ich kann meine Fassung nur durch einen Flug zur SS bewahren.

Hiram geht morgen für zwei Monate oder länger nach Roxbury. Ich werde ihn sehr vermissen. Er ist für mich Vater und Mutter und das alte Zuhause. Er ist Teil von all dem. Wenn er hier ist, wird mein chronisches Heimweh gelindert.

Ich hoffe, Sie lesen auch außerhalb Ihrer Kurse etwas. Lesen und studieren Sie und vertiefen Sie sich in den Stil eines großen Autors. Versuchen Sie es mit Hawthorne oder Emerson oder Ruskin oder Arnold. Der prägnanteste Stil von allen ist Shakespeare. Gehen Sie eines Tages ins Labor und lassen Sie Ihre Kraft testen. Binder sagt, sie können Ihnen sagen, welcher Körperteil am schwächsten ist. Achten Sie auf Ihre Gesundheit und halten Sie regelmäßige Arbeitszeiten ein. Schreiben Sie uns so oft Sie können. Wie sehr wünschte ich, ich wäre auch ein Harvard-Student.

Mit tiefster Zuneigung, JOHN BURROUGHS.

Zweifellos ist es eine weise Vorsehung der Natur, dass wir unsere Partner in unseren Gegensätzen finden. Es ist ein Naturgesetz, das zum Wohle der Menschheit wirkt, etwas, das das Gleichgewicht und die Einheit der Menschheit aufrechterhält. In vielerlei Hinsicht hätten zwei Menschen sicherlich nicht unterschiedlicher sein können als Vater und Mutter. Sie sagte, er sei schwach wie Wasser, und er sagte, er könne von einem Glas Wasser beschwipst werden. Er sagte immer, dass Mutter die Haushaltsführung zum Selbstzweck machte, und sie sagte: „Du weißt, wie er ist, er kümmert sich nie um irgendetwas." Wie viele Abende habe ich im Arbeitszimmer verbracht, wenn die Lampe wegen Ölmangels zu brennen begann und Vater loslaufen und Licht nachfüllen musste und Mutter sich beschwerte: „Genau wie du, kommst nach Einbruch der Dunkelheit herum und trödelst herum. Warum hast du sie nicht bei Tageslicht nachgefüllt?" Ach, ich, bei Tageslicht brauchte Vater die Lampe nicht! Es war Mutter, die die Lampen füllte, sie putzte und die Kamine regelmäßig am Nachmittag polierte, während die Sonne noch oben war; aber es war Vater, der seine Lampe putzte und füllte und sie so leuchten ließ, dass die ganze Welt sie sehen konnte! Schließlich bin ich mir nicht sicher, ob Mutter nicht genau die richtige Frau für ihn war. Er hatte eine sture Entschlossenheit und seinen Ehrgeiz zu schreiben, die ihn durch alle Schwierigkeiten des Hausputzes oder Beschwerden über die Hausarbeit trug. Eine Frau, die vollstes Verständnis für seine Arbeit hatte, die ihn verhätschelte und ihm das Gefühl gab, dass alles, was er schrieb, perfekt war, hätte er nie getan, ebenso wenig wie eine selbstsüchtige, extravagante oder gesellschaftsverrückte Frau. Vater war temperamentvoll, launisch, reizbar, leicht zu beeinflussen, leicht zu führen, litt manchmal unter Anfällen von Melancholie und hatte nur ein festes Ziel, und das war das Schreiben. Mutter war sparsam, sparsam, materiell, misstrauisch gegenüber Menschen, entschlossen, ihr Schiff vor dem Alter in einen sicheren Hafen zu bringen , und sie kümmerte sich bestmöglich um Vater und hielt ihn fest und gab seinem Leben zweifellos durch ihre Charakterstärke und Entschlossenheit Kraft und Entschlossenheit. Ihre letzten gemeinsamen Jahre waren sehr glücklich und erfüllt von einer Sympathie und einem Verständnis, die wunderschön waren.

Manchmal sprach Vater mit sich selbst, aber sehr selten, und die folgenden beiden Briefe klingen fast so, als würde er mit sich selbst sprechen. „Ich bin viel weniger verzweifelt, wenn er hier ist", sagt er über sich und Onkel Hiram. Bei all seiner Selbstanalyse sah er nicht, dass Verlorenheit ein Teil des Preises war, den er für die einfache, aber intensive Freude zahlen musste, die er durch das schöne Leben und die Natur empfand.

WP Dienstag, 25. Januar {1897}.

MEIN LIEBER JULIAN,

Hier ist es noch immer mild – der Schnee ist fast weg, aber der Fluss ist bis zum Ellenbogen zugefroren. Wir kommen noch nicht weg. Deine Mutter wird sich nicht rühren und Hiram und ich werden wahrscheinlich nach Slabsides gehen , da sie das Haus abschließen will.

Hiram kam vor einer Woche und wohnt und isst hier im Arbeitszimmer – ich bin weit weniger verzweifelt, wenn er hier ist. Es kommt Ihnen wahrscheinlich seltsam vor , ich weiß, Sie haben ihn nie sehr freundlich angesehen. Aber Sie haben Hiram nie gesehen – nicht den Hiram, den ich sehe. Dieser kleine, stumpfsinnige, unwissende alte Mann, den Sie gesehen haben, ist nur eine durchsichtige Maske, durch die ich den Hiram meiner Jugend sehe und das alte Zuhause, die alten Tage und Vater und Mutter und das ganze Leben auf dem alten Bauernhof. Es ist ein Gefühl, das Sie nicht verstehen können, aber vielleicht, wenn Sie alt werden.

Ich hoffe, Sie haben das Geschäft mit der Bootsbesatzung inzwischen aufgegeben. Es ist nicht das Richtige für Sie. Dafür gehen Sie nicht nach Harvard. Wie ich Ihnen schrieb, haben Sie kein sportliches Temperament, sondern etwas Feineres und Besseres. Sie brauchen gute, kräftige tägliche Übungen, aber kein hartes Training. Wären Sie halb so alt wie ich gewesen, hätten Sie diese kalten Bäder wahrscheinlich umgebracht. Alte Männer sterben oft in kalten Bädern. Das Blut wird eingepresst und belastet die Arterien zu sehr. Schreiben Sie mir, wenn Sie dies erhalten, und erzählen Sie mir von sich.

Dein dich liebender Vater,

JB

Sehr wahrscheinlich hat das, was ich geschrieben habe, Vater viel mehr gesagt, als ich vermutet hatte, und er stand immer mit jedem Ratschlag bereit, den er geben konnte, besonders in Gesundheitsfragen. Das waren die Jahre, in denen er viele Probleme hatte: Schlaflosigkeit, Neuralgie und vor allem ein Problem, das er Malaria nannte, das aber größtenteils eine Autotoxikämie war. Ein Arzt versengte seinen Arm mit einem weißglühenden Eisen, um den Schmerz der Neuralgie zu lindern, und Jahre später lachte Vater darüber – „genau wie ein afrikanischer Medizinmann, der die Teufel in meinem Arm mit einem weißglühenden Eisen austrieb – das Problem lag nicht dort, es war das Gift in meinem Körper, das durch die fehlerhafte Ausscheidung entstanden war." Wie glücklich war er, als er schließlich die Ursache seiner Probleme entdeckte!

Riverby , 3. Februar {1898}

MEIN LIEBER JULIAN,

Dein Brief kam heute Morgen. Der Winter ist auch hier hart. Etwa 50 cm Schnee und nachts ist es null. Ich habe mir dort oben in dem alten Haus fast den Kopf abgefroren. Die Eismänner kratzen den Schnee ab, 20 oder 23 cm Eis. Deine Mutter ist in Poughkeepsie, ich war Montagnacht dort unten. Ich bezweifle, dass sie nach Cambridge kommt, und ich überlege, ob ich besser kommen oder hier bleiben und mein Geld sparen sollte. Wenn du in den Osterferien nach Hause kommen kannst, sollte ich vielleicht besser nicht kommen. Wenn du eine Woche Zeit hast , wärst du dann lieber nicht nach Hause gekommen, als dass ich jetzt komme? Sag mir, wie du dich fühlst. Aber nächste Woche geht es mir vielleicht anders, bis dahin bin ich vielleicht ausgeschrieben. Wenn ich glauben würde, dass ich dort mit meiner Arbeit weitermachen könnte, würde ich sofort kommen. Ich bin bei ausgezeichneter Gesundheit und brauche keine Abwechslung. Bei deinen Englischprüfungen könnte ich nicht viel anfangen. Ich habe eine schlechte Meinung von solchen Sachen. So werden keine Schriftsteller oder Denker ausgebildet. Ich lege meinen Scheck für die Rechnung bei, den du quittieren lassen musst. Schreib mir sofort wegen der Osterferien.

Dein dich liebender Vater,

JOHN BURROUGHS.

Später, als er mich in Cambridge besuchte, schrieb er ein Tagesthema, und ich kopierte es und gab es als mein eigenes ab. Es kam prompt mit der Note „vernünftig und vernünftig" zurück, da der Lehrer ganz unbewusst und unwissentlich auf zwei hervorstechende Eigenschaften von Vaters Stil gestoßen war. Ich erinnere mich, dass das Thema, das er schrieb, die Statue von John Harvard war, der barhäuptig im Freien sitzt, jedem Wetter ausgesetzt. Vater sagte, er wolle immer etwas über sich halten, um sich vor Schnee oder Sonne zu schützen. Das Leben, das er hier und in der Umgebung führte, konnte nichts anderes als gesunde und vernünftige Texte hervorbringen. Das alte Haus, von dem die Rede war, war das ursprüngliche Bauernhaus, das in der Nähe der Straße stand – es wurde 1903 abgerissen und direkt darunter ein neues Häuschen errichtet. Vater und ich verbrachten einen Sommer dort, als wir Riverby an New Yorker vermieteten, und er verbrachte später Zeit dort, zum Beispiel:

Samstagnachmittag, 29. Januar {1898}.

MEIN LIEBER JULIAN,

Hiram und ich sind bei den Ackers {die damals im alten Haus lebten}. Ich besorge das Essen und gebe ihnen die Miete und sie machen die Arbeit. Ich werde jetzt meine Ruhe haben und es wird gut schmecken. Wenn ich nach C komme, wann soll ich dann kommen? Ich bin noch nicht fertig mit meinem Schreiben, aber vielleicht in acht oder zehn Tagen. Schreiben ist wie Entenjagd , man weiß nicht, welches Wild man erlegt oder wann man zurückkommt: deshalb bin ich unentschlossen. Ich lasse alles auf das Schreiben warten. Es ist kalt hier, bis zu vier Grad morgens; gutes Schlittenfahren. Ich habe gestern Ihren Brief erhalten, ich weiß nichts über diese Stücke – fragen Sie Mr. Page oder Rodman. Ich hoffe, Sie haben Erfolg bei Ihren Prüfungen. Dies ist der neue Stift, gefällt mir noch nicht besonders. Die Aussicht auf eine Eisernte wird besser. Schreiben Sie.

Dein dich liebender Vater

JB

WP, Samstag, 15. Januar {1898}

MEIN LIEBER JULIAN,

Ich habe mich gefreut, Ihren Brief zu erhalten und Sie in so guter Verfassung zu sehen. Ich hoffe, Sie bleiben so. Achten Sie auf Ihre Gesundheit und Gewohnheiten, und vielleicht gelingt Ihnen das. Dennoch hat Ihr Brief mir keine uneingeschränkte Befriedigung verschafft. Wenn Sie wüssten, wie sehr ich Slang hasse, insbesondere die billige, vulgäre Art, würden Sie mir das Leid ersparen. Es gibt Slang und Slang. Manche haben Witz, manche sind einfach eine dumme Perversion der Sprache. Letzteren hasse ich ebenso wie die Tabaksucht, der er sehr verwandt ist. Sie waren der Tabaksucht bisher entkommen, und ich hatte gehofft, Sie würden der Slangsucht entkommen. Er ist kein bisschen männlicher als die Zigarette oder Zigarre. Einige Slang-Ausdrücke wie „Sie sind nicht dabei" oder „Sie sind von Ihrem Wagen heruntergekommen" und andere mögen in vertrauten Gesprächen mit Freunden angebracht sein, aber „Bündel von Erkältung" oder „schneidet kein Eis" usw. sind einfach idiotisch. Wenn Sie mir schreiben, schicken Sie mir die Postkarte zurück, damit ich sehen kann, welche Wörter ich falsch geschrieben habe. Es ist hier immer noch sehr mild, aber heute Morgen schneit es. Nip und ich sind gut Schlittschuh gelaufen – hier vorn über eine Meile wie ein Spiegel: aber das Eis wird dünn. Ich weiß nicht, wann ich nach Cambridge komme. Deine Mutter hat gerade die Wintersonnenwende ihres Temperaments hinter sich und erklärt, sie werde nirgendwohin gehen. Ich werde bald weggehen, auch wenn sie hier bleibt. Ich habe Balzac gelesen und es hat mir gefallen. Die erste Hälfte ist bei weitem die beste. Das Ende ist schwach und absurd. Der alte Geizhals ist klar und stark gezeichnet, ebenso wie die meisten Charaktere. Aber wir haben kein Mitleid mit der Heldin oder sympathisieren mit ihr. Wie groß und schön ist dieses Mädchen aus New Paltz, aber wahrscheinlich fehlt ihr wie einem großen Apfel das Aroma …

Dein liebevoller Vater, JB

Es war sehr leicht zu verstehen, warum Vater Slang nicht mochte – es war eine Perversion seiner Kunst, und wie ich bereits sagte, war er auf seine Kunst wie ein echter Handwerker stolz. Niemand liebte die treffende und geistreiche Ausdrucksweise mehr; er war immer auf der Suche danach, und Slang war etwas, das die Grenzen überschritt und daher wirklich abscheulich war. Oft habe ich ihn mit entzückter Freude die Geschichte einiger Männer erzählen hören, die eine Winternacht in einem Landhotel verbrachten. Ich glaube, Eugene Field war es, der die Bemerkung machte, die Vater so entzückte, und JT Trowbridge erzählt sie in „Meine eigene Geschichte". Es war eine bitterkalte Nacht und Decken waren spärlich; und mehr noch, mehrere Fensterscheiben waren herausgefallen. Field kramte im Schrank herum und fand die Reifröcke eines alten Reifrocks, der gerade aus der Mode kam, und diese hängte er über das zerbrochene Fenster und sagte: „Das hält die gröbste Kälte ab!" „Die gröbste Kälte", wiederholte Vater den Ausdruck und lachte erneut. Ich erinnere mich, wie er neidisch ein treffendes Beispiel anerkennt: Zwei berühmte Holzfäller kämpften um einen Wettstreit, um zu sehen, wer seinen Baum zuerst fällen konnte, und ihre Geschicklichkeit war so groß und ihre Schläge so schnell, dass die Späne buchstäblich aus dem Baum strömten, als hätte er ein Leck. „Das ist gut", sagte er zu dem Satz und senkte die Augen. Einmal fuhren wir mit dem Motorboot auf dem Champlain-Kanal und wurden den ganzen Tag durch die vielen langsamen Kanalboote aufgehalten. Doch einige der Schleusenwärter sagten, der Verkehr laufe sehr schleppend. Einer aus unserer Gruppe kommentierte dies und sagte, es gäbe schon genug Kanalboote, der Kanal sei ganz schön verstopft mit ihnen. „Ganz schön verstopft mit ihnen", wiederholte Vater immer wieder und lachte jedes Mal wie ein Kind. Oft beschwerte ich mich über das Steinhaus in Riverby , bei dessen Planung Vater nicht vorhatte, die Wintersonne zu nutzen; nicht nur waren die Fenster nicht richtig platziert, sondern es standen auch Fichten im Weg. „Sie schreiben ein Buch über ‚Wintersonnenschein' und lassen keinen in Ihr Haus", sagte ich ihm, und er meinte, wenn er den Wintersonnenschein in seinem Haus hätte, hätte er das Buch vielleicht nicht geschrieben. Eine Aussage, die zumindest in seinem Fall einen großen Anteil an Wahrheit enthält.

Damals hatten wir viel Spaß beim Schlittschuhlaufen. Vater hatte ein merkwürdiges Paar alter Schlittschuhe, die er an einem Paar Schuhe befestigte, damit sie nicht ausrutschten. Diese Schuhe klemmte er sich mitsamt den Schlittschuhen unter den Arm und los ging es. Er zog seine „Congress"-Schuhe aus und schlüpfte in die Schuhe mit den daran befestigten Schlittschuhen und lief über das Eis, sein Hund lief neben ihm her. Einmal versuchte er, aus einer seiner Armeedecken und einigen Zierstücken, die vom Bau des Arbeitszimmers übrig geblieben waren, ein Segel zu bauen, aber es funktionierte nicht. Die Leute an Land sagten, sie hielten es für eine Art lebensrettende Vorrichtung für den Fall, dass er durch das Eis brechen sollte. Eines Tages hatten wir im Shataca so schöne Schlittschuhe, wie wir sie uns nur vorstellen konnten – es hatte Tauwetter mit Hochwasser gegeben und der Black Creek hatte den Sumpf überflutet, das Wasser floss über den dicht bewaldeten Shataca zurück ins Hochland. Dieses war dann gefroren und das Wasser lief darunter hervor, sodass das glasige Eis an den Baumstämmen hing. Das Eis hing zwischen den Bäumen ein wenig durch, was dem Gleiten auf Schlittschuhen eine höchst reizvolle Auf- und Abbewegung ermöglichte und einem Fliegen so nahe kam, wie man es sich damals nur vorstellen konnte.

Vater ging im Geiste und tatsächlich oft mit mir aufs College, besuchte Vorlesungen in den Kursen, die ich belegte, und oft, wenn ich ein Buch gelesen hatte, das ich lesen wollte, schickte ich ihm das Exemplar zum Lesen und er kommentierte es. Im folgenden Brief kommentiert er ein Buch, das ich ihm geschickt hatte, und zeichnet gleichzeitig ein Bild von seinen Tagen in Slabsides :

Slabsides , Sonntag, 22. Mai {1898}.

MEIN LIEBER SOHN,

Als ich neulich nach Hause kam, hat mich deine Mutter wegen zweierlei Sachen „angegriffen": weil ich zum Mittagessen zu R's gegangen war und weil ich dich zu dieser 5-Cent-Show in Boston mitgenommen hatte …

Donnerstagnacht heftige Gewitter, heute bewölkt. Die letzten drei Tage ziemlich warm. Der Primus ist ein großer Erfolg. Er verbraucht pro Stunde etwas mehr als einen halben Cent. Die Van B's mit zwei Vassar-Mädchen waren gerade hier. Der „Islandfischer" ist eine süße, zarte, mitleiderregende Geschichte. Yann vergisst man nicht: und was für ein Bild vom Leben dieser Fischer! Ich wusste nicht, dass Frankreich eine solche Industrie hat. Ich bin am Freitag wieder den Black Creek hinaufgepaddelt, habe aber keine Enten gesehen... Letzte Woche waren 35 Leute hier. Schreiben Sie, was Sie mit Ihrem Zimmer zu tun beschließen. Die Wälder sind jetzt fast voll belaubt.

Dein dich liebender Vater – JB

Vergleicht man Vaters Kindheit mit unserem Leben hier in Riverby damals und vergleicht man das Ganze noch einmal mit dem heutigen Leben, kann man sich nur fragen, was das Endergebnis sein wird. In einer primitiven Gesellschaft weiß jeder Einzelne alles über alles, was er im Leben hat; während die Zivilisation komplexer wird, werden wir immer mehr Spezialisten, immer mehr wird das, was die Ökonomen „Arbeitsteilung" nennen, wirksam , und die Menschen gehen heute durchs Leben, ohne zu wissen, wie sie nur sehr wenige der Dinge tun, die für ihre Existenz notwendig sind. Die frühe oder primitive Zivilisation brachte eine unabhängige Rasse hervor und Individuen mit malerischem und einzigartigem Charakter. Vater bemerkte dies. Er liebte den altmodischen Mann oder die altmodische Frau, die so stark individuell und malerisch waren. Ich erinnere mich an einen solchen Charakter, „den alten blinden Jimmy", wie er genannt wurde, der mit einem Stock durch das Land zog, und als Vater ihn eines Tages „nach Hause" kommen sah, bat er mich, mit meiner Kamera loszulaufen und mich die Straße hinunter zu stellen und ein Foto von dem alten blinden Jimmy zu machen, als er vorbeikam. Ich tat es und wusste sofort, dass Jimmy wusste, dass ich da war. Irgendwie muss er mich gehört haben, und sicher auch das Schnurren des Schlitzverschlusses, als ich sein Foto machte. Eines Tages stand auf dem Marktplatz in Jamaika, Westindien, ein wild aussehender Mann, der aussah, wie man sich einen

Piraten der spanischen Inseln vorstellt, und Vater war sehr an ihm interessiert und bat mich, ein Foto von ihm zu machen – es erforderte einiges an Geschick , aber schließlich gelang es mir, ihn zu fotografieren.

Riverby hielt sich noch viel von der alten Ordnung – Mutter machte immer Buchweizenkuchen, wir holten uns einen Sack Mehl von „außer Haus" und sie ließ die Kuchen aufgehen; ich kann das Geräusch des Holzlöffels hören, wenn sie sie abends anrührte und dann hinter den Ofen stellte. Jetzt haben wir das Mehl fertig zum Mischen mit Wasser. Kein Herumrennen nach Buttermilch mehr, um sie darin zu verwenden, kein Aufgehen der Kuchen über dem Teigkrug mehr während der Nacht. Vater aß sie immer, fünf oder sechs. Kein Tag begann bei kaltem Wetter ohne „Pfannkuchen". Und „außer Haus" machten sie ihre eigene Seife, aber hier holte Mutter eine Schachtel Seife und stapelte sie sorgfältig auf, damit sie trocknete und aushärtete. Im Keller gab es einen Eimer für „Seifenfett", in den jedes Stück Fett oder Schmiere getan und aufbewahrt wurde, bis der „Seifenmann" kam und es kaufte. Das waren die Tage, als Kartoffeln weniger als fünfzig Cent pro Scheffel, Eier einen Dollar pro hundert kosteten und man den allerfeinsten Rogen für fünfundzwanzig Cent bekommen konnte. Und die Netze für die Heringe wurden von Hand gestrickt. Ich kann mich noch daran erinnern, wie Vater erzählte, wie die Familie Manning, die unterhalb des Hügels lebte, den ganzen Winter Heringe strickte. Heute kann man die Netze fertig gestrickt praktisch so billig kaufen wie den Bindfaden. Segelboote säumten den Hudson – Schaluppen und Schoner, die den Fluss auf und ab fuhren oder geräuschvoll hin und her kreuzten. Ich weiß, dass es hier draußen immer Flauten und Flut gab und die Seeleute an Land kamen und Obstplantagen plünderten. Einmal stahlen einige von ihnen ein Schaf und brachten es zum Schoner. Der Besitzer des Schafs verfolgte die Seeleute mit einem Durchsuchungsbefehl, aber die boshaften Seeleute zogen die Ankerkette straff, banden das Schaf an die Kette und ließen es hinab, bis das Schaf, das sie geschlachtet hatten, unter Wasser war und der Durchsuchungsbefehl es nicht einmal finden konnte.

„Das kleine Boot", auf das sich der Brief vom 24. Juli 1893 bezieht und mit dem Vater seine Pfirsiche verschiffte, war ein kleiner Dampfer, der von Rondout nach Poughkeepsie fuhr und bei offenem Fluss mehr oder weniger eine Familieneinrichtung war. Es legte an, wenn wir es anhielten, am Dock am Ende unseres Weinbergs, und Vater fuhr meistens mit „dem kleinen Boot" in die Stadt, um seine Einkäufe zu erledigen. Einmal wollte er seine Gartensamen holen, und als er zurückkam, blies ein heftiger Sturm seinen Korb mit all seinen Einkäufen über Bord. Ich kann mich noch daran erinnern, wie angewidert und zerzaust er darüber wirkte. Ein anderes Mal war er auf diesem kleinen Boot, als es in Hyde Park anlegte und ein Pferdegespann, das an einen großen, mit Ziegelsteinen beladenen Wagen gespannt war, auf dem Dock stand. Sie bekamen Angst und begannen rückwärts zu fahren, trotz der Bemühungen des Fahrers, sie aufzuhalten. Im nächsten Moment gingen die Hinterräder über die Kante des Docks, und als sie dann den schrecklichen Rückwärtszug des Wagens spürten, sprangen sie nach vorne in einem verzweifelten und vergeblichen Versuch, sich zu retten. Ihre Hufe schlugen wie wild auf das Brett, sodass ein Regen von Splittern aufwirbelte, und obwohl sie jede Faser ihres Körpers anspannten, wurden sie in den Tod gezogen. Vater war darüber sehr bestürzt. Es machte einen lebhaften Eindruck auf ihn. „Aber“, sagte er, „da war ein Priester, der neben mir saß und es kaum bemerkte; er schenkte dem nicht mehr Beachtung, als ob nichts geschehen wäre“, und ich glaube, dass in Vaters Augen alle Priester darunter litten!

Eine der Zeremonien hier in Riverby war, abends die Fußmatte hereinzuholen. Mutter tat das oder befahl mir, es zu tun – ich bezweifle, dass Vater das getan hätte. Sie wurde hereingeholt, weil man befürchtete, dass es nachts feucht oder regnen könnte, denn das würde die Matte nass machen und ihre Lebensdauer verkürzen. Wie anders als die Haushaltsführung heutzutage!

Vater trug immer dunkelgraue Flanellhemden, die die unglückliche Angewohnheit hatten, am Hals einzulaufen. Beim Waschen wurden sie daher gestreckt und dann über einem Milcheimer getrocknet – ich sehe sie noch heute auf der Leine hängen, wobei der Eimer aus dem Hals ragte. Eines Abends spielte ich Vater einen grausamen Streich. Ich ging zum Haus des Knechts, um Karten zu spielen, und bat Vater, mir die Tür offen zu lassen, was er auch tat. Als ich zurückkam, war es sehr spät, halb zehn oder zehn Uhr, und da ich niemanden stören wollte, schlich ich mich so leise wie möglich hinein und ins Bett. Am Morgen fragte mich Vater aufgeregt, wann ich nach Hause gekommen sei. „Du musst ziemlich schlau gewesen sein“, sagte er halb bewundernd, halb vorwurfsvoll, als ich es ihm erzählte, „denn ich lag wach und lauschte auf deine Rückkehr, und als es nach zehn war, stand ich auf, um herunterzukommen und nachzusehen, was aus dir geworden war, und sah, dass du nach Hause gekommen warst.“

Es ist wahr, dass viele Dinge, die ein Mann für wichtig hält, für eine Frau nicht wichtig sind; und umgekehrt sind viele Dinge, die eine Frau ernst nimmt, für einen Mann ein Witz. Das Folgende gibt ein Bild des Lebens hier und fasst den Unterschied zwischen der Sichtweise von Vater und Mutter zusammen:

Donnerstag, 17. Mai {1900}

MEIN LIEBER JUNGE,

Ich wollte dir eigentlich schon früher schreiben, aber ich war sehr beschäftigt und deine Mutter hat mit ihrem Haus gekämpft. Sie hat sich mit dem Putzen in der Küche beschäftigt. Sie hat eine Frau eingestellt, die nächste Woche kommen soll, und sie möchte das Haus für sie in Ordnung bringen. Ich hatte Besuch. Am Freitagnachmittag kam „Teddy Roosevelt Jr." und blieb bis Montagmorgen. Er ist sein Vater im Kleinen. Er hat mich die ganze Zeit auf Trab gehalten. Am Samstag sind wir den Shataca hinaufgefahren und haben unser Abendessen auf der kleinen Insel gekocht, wo du und ich waren. Wir hatten eine schöne Zeit. Er ist wie ein Eichhörnchen auf Bäume und Felsen geklettert. Er war die ganze Zeit auf der Suche nach etwas Schwierigem, das er tun konnte.

19. Mai. Ich wurde hier erstickt und stecke jetzt in der Klemme. Wir haben gestern angefangen, die Zisterne zu reparieren, und waren halb fertig, als der Regen kam – 3,8 cm Wasser und deine Mutter ist wütend – hat die ganze Nacht geweint und weint und stürmt heute Morgen noch. Natürlich liegt die Schuld ganz bei mir. Ich wollte sie vor zehn Tagen reparieren, aber sie sagte nein, sie wollte das Wasser, um das Haus zu reinigen. Wären ich und du beide gestorben, hätte sie nicht mehr Tränen vergießen können, als sie über diese unbedeutende Angelegenheit vergossen hat. Ich werde nach Slabsides gehen , um dieser tränenreichen Sintflut zu entgehen. Es war sehr trocken, seit sechs Wochen kein Regen und keine Tränen. Ich war froh, dass es kam, Zisterne hin oder her. Es hat die Heuernte und die Erdbeeren gerettet.

Die Blätter sind alle hier draußen und die Apfelblüten sind abgefallen. Mr. und Mrs. Johnson aus NY kamen am Sonntag und reisten am Montagabend ab. Clifton Johnson kam am Dienstagmorgen und reiste am Mittwoch ab. Einige Leute aus Vassar wollten heute kommen, aber es regnet aus Nordosten.

Natürlich kann man auf der Straße kein anständiges Mädchen aufreißen und ich sollte mich von ihnen fernhalten. Ein anständiges Mädchen würde die Annäherungsversuche eines Fremden übelnehmen.

In diesem Frühjahr gibt es sehr viele Vögel.

Dein dich liebender Vater JB

Im Frühjahr 1999 wurde Vater gebeten, an der Alaska-Expedition von E. H. Harriman teilzunehmen, und obwohl er sehr widerwillig war, willigte er ein – er war Historiker der Expedition und sein Bericht darüber erschien im *Century* und in seinem Buch „Far and Near". Mutter hatte immer gesagt, dass „seine Leute" Angst hatten, den Rauch aus dem heimischen Schornstein zu verschwinden. Etwas davon steckte in Vater. Er musste sich selbst dazu zwingen, zu gehen. Er war immer unglücklich, wenn er sein Zuhause und seine familiären Bindungen verließ. Er schloss auf dieser Reise viele neue

Freundschaften – John Muir, den er ungemein mochte, obwohl er ihn manchmal einen „widerlichen Schotten" nannte; Fuertes, den Naturmaler; Dallenbaugh , einer von denen, die mit Major Powell die Reise durch den Grand Canyon machten und „A Canyon Voyage" schrieben; Charles Keeler, den Dichter und viele andere.

In der Nähe von Fort Wrangell, Alaska, 5. Juni 1899.

MEIN LIEBER JUNGE,

Noch immer dampfen wir nordwärts durch diese wundervollen Kanäle und von Bergen umgebenen Meerengen, die diese Seite des Kontinents kennzeichnen, inmitten einer Landschaft, von der Sie und ich nie geträumt hätten. Heute Morgen wachten wir in Fort Wrangell unter einem klaren, kalten Himmel auf, wie ein Winter in Florida, sagten manche, 44 Grad Quecksilber und schneebedeckte Gipfel rund um den Horizont. An Land blühten einige Wildblumen und Unkraut und Sträucher hatten einen guten Start. Ich sah Schwalben und hörte Singammer, die sich nicht sehr von denen zu Hause unterschieden. Seit wir Victoria verlassen haben, hatten wir die meiste Zeit schönes Wetter, aber es war kalt. Ich habe mir einen dicken Mantel geliehen und wünschte, ich hätte zwei. Ich sitze an der Tür meiner Kabine, schreibe dies und blicke auf das blau glitzernde Meerwasser und die schneebedeckten und mit Fichten bedeckten Bergketten. Muir ist gerade vorbeigekommen, dann Mr. Harriman, der mit seinen Kindern ein Rennen fährt. Ich mag ihn. Er ist ein kleiner Mann, etwa so groß wie Ingersoll und im gleichen Alter, mit braunem Haar und Schnurrbart und einem runden, kräftigen Kopf. Er wirkt sehr demokratisch und tut nichts vor. 11 Uhr Wir fahren jetzt die Wrangell Narrows hinauf wie das Hochland des Hudson, 25 Meilen lang mit schneebedeckten Gipfeln im Hintergrund und schwarzen, mit Fichten bewachsenen Hügeln und Kurven im Vordergrund. Enten, Gänse, Seetaucher und Adler überall. Peng, peng, die Gewehre vom Deck aus machen Schüsse, aber nichts ist beschädigt. Es ist klar und still. Wie sehr wünsche ich es Ihnen! Gestern Abend um halb zehn hatten wir einen solchen Sonnenuntergang; schneeweiße Gipfel, sieben- oder achttausend Fuß hoch, zogen langsam am Horizont entlang hinter dunkelvioletten Wänden naher Bergketten, die alle in der untergehenden Sonne glühten. Solche Tiefen von Blau und Purpur, solche Pracht von Flammen und Gold, solche Aussichten auf leuchtende Buchten und Meerengen, von denen ich nie geträumt hatte.

Ich halte mich gut, aber ich esse besser als ich schlafe. Nur zwei oder drei Mal haben wir das starke Pochen des Pazifiks durch offene Tore in dieser Inselwand gespürt. Beim ersten Mal hat es mich mein Abendessen verpassen lassen, was nicht so schlimm ist, wie es zu verlieren. In ein oder zwei Wochen werden wir viele Tage damit zu kämpfen haben; dann werde ich nach Hause wollen. Wir haben vom Dampfer aus Hirsche und Elche gesehen. Wir haben das Land der Indianer und Raben erreicht. Viele Indianer in jeder Stadt und Raben in Reihen auf den Hausdächern. Unsere Leute sind furchtbar und wunderbar gebildet – alles Spezialisten. Ich bin der unwissendste und unerfahrenste Mann unter ihnen und der schweigsamste. Wir erwarten, Juneau heute Abend zu erreichen, und ich kann vielleicht noch einmal schreiben – aus Sitka.

Ich wünschte, ich wüsste, ob du nach Westen fährst und wie es zu Hause aussieht. Ich nehme an, du wirst zu Hause sein, bevor dich das hier erreicht. Ich frage mich, ob es bei dir geregnet hat und ob die Trauben brechen. Ich habe mir in Seattle ein tolles Paar Schuhe gekauft – 7,50 $. Unten im Bauch unseres Schiffes sind fette Ochsen, 2 Pferde, eine Kuh, viele Schafe, Hühner, Hähnchen, Truthähne usw. Es sieht dort unten aus wie der Stall eines Bauern. Aber ich muss aufhören, mit viel Liebe für dich und deine Mutter. JB

Wir haben gerade den über 2.700 Meter hohen Devil's Thumb passiert. Von der Spitze ragt ein nackter Schacht 500 Meter hoch empor – das ist der Daumen. Auch unser erster Gletscher ist hier, eine große Masse aus weißlichem Eis, die tief im Schoß der Berge liegt.

Aus Sitka schrieb er am 17. Juni:

MEIN LIEBER JUNGE,

Der Dampfer hat mir gestern keinen Brief von Dir oder Deiner Mutter gebracht. Ich war sehr enttäuscht. Wenn Du mir noch am 3. Juni geschrieben hättest, wäre er bei mir angekommen. Ich habe einen von Hiram bekommen, ihm geht es gut und seinen Bienen geht es gut. Bis wir Ende Juli zurückkommen, werden wir keine weiteren Briefe bekommen. Ich habe letzte Nacht von Dir geträumt und Du hast mir erzählt, dass es den Trauben nicht gut geht. Ich habe in den Zeitungen von der Hitze im Osten gelesen und wir alle wünschen uns etwas davon hier. Ich habe mir hier ein dickes Flanellhemd besorgt und fühle mich wärmer. Das Quecksilber liegt heute zwischen 10 und 12 Grad. Löwenzahn hat gerade seinen Höhepunkt überschritten, Johannisbeersträucher blühen gerade, Erbsen sind 25 cm hoch und Unkraut hat einen guten Start. In Alaska gibt es keine Landwirtschaft, obwohl Kartoffeln gut gedeihen. Ich habe eine Kuh, ein Ochsengespann und ein paar Pferde gesehen. Es gibt hier keine Straßen außer etwa einer Meile. Die Straßen der meisten Städte bestehen nur aus breiten Gehsteigen aus Bohlen. Doch hier scharren die Hühner und krähen die Hähne wie zu Hause. Die Stadt ist sehr hübsch gelegen; dahinter erheben sich steile, dunkle, mit Fichten bewachsene Berge, etwa 3.000 Fuß hoch – davor eine große, unregelmäßige Bucht mit baumbedeckten Inseln, dahinter, zehn Meilen entfernt, erheben sich schneebedeckte Gipfel, von deren Gipfeln man auf den Pazifik hinunterblicken kann. Außer dort, wo die Stadt steht, wurde kein Land gerodet. Es leben hier vielleicht 1.500 Menschen, die Hälfte davon Indianer. Die Indianer sind gut gekleidet und sauber und ruhig und leben in guten Fachwerkhäusern. Viele von ihnen sind Mischlinge. Die Wälder sind wegen Baumstämmen, Gestrüpp, Moos und Felsen fast unpassierbar. So etwas haben wir im Osten nicht. Die Baumstämme sind kopfhoch und das Moos knietief. Hier gibt es viele Hirsche und Bären. Vorgestern hat eine von Mr. Harrimans Töchtern einen Hirsch geschossen. In der Gruppe sind vier nette Mädchen im Alter von sechzehn bis achtzehn Jahren, so gesund und fröhlich und ungekünstelt wie die besten Mädchen vom Land – zwei von Mr. Harriman, eine Cousine von ihnen und eine Freundin, eine Miss Draper. Dann sind da noch drei Gouvernanten und eine ausgebildete Krankenschwester.

Dies ist ein Land der Raben und Adler. Die Raben sitzen auf den Häusern und Gartenzäunen und die Adler sieht man auf den toten Bäumen entlang der Küste. Die Rauchschwalbe ist hier und das Rotkehlchen und der Rotschwanz. Eines Tages gingen wir zu den heißen Quellen hinunter und ich trank Wasser direkt aus der Unterwelt: Es stank nach Schwefeldämpfen und dampfte vor Hitze. Ich wünschte, wir hätten eine solche Quelle an Bord, sie würde uns wärmen. Ich habe hier einen Mann aus Hyde Park getroffen, De Graff. Ich habe hier vier Leute getroffen, die meine Bücher lesen, und zwei in Juneau und einen in Skagway. Wir fahren heute Abend von hier nach Yakutat Bay, 30 Stunden auf See. Ich wäre ganz zufrieden, jetzt nach Hause zu gehen oder den Rest der Zeit im Westen zu verbringen. Ich würde etwas dafür geben, zu wissen, wie es bei Ihnen läuft – die Weinberge und der Sellerie und was Ihre und die Pläne Ihrer Mutter sind. Ich esse und schlafe immer noch gut und nehme an Gewicht zu. Alles Liebe an Sie beide. Lassen Sie mich im Juli Briefe in Portland finden.

Dein dich liebender Vater,

JB

In der Nähe von Orca, Prince William Sound, Alaska, 27. Juni 1899.

MEIN LIEBER JULIAN,

Seit ich Ihnen aus Sitka geschrieben habe, sind wir weiter nach Norden gekommen und haben fünf Tage in der Yakutat Bay verbracht und seit Samstag in dieser Meerenge – haben unzählige Gletscher und hohe Berge und wilde, seltsame Szenen gesehen. In Yakutat fuhren wir in die Disenchantment Bay, 30 Meilen, wo noch nie ein großes Dampfschiff vorübergekommen war. Diese Bucht ist ein langer, schmaler Meeresarm, der von der Spitze der Yakutat Bay ausgeht und in die St. Elias-Bergkette eindringt. Es war eine unheimliche, großartige Szene. Vögel sangen und Blumen blühten, umgeben von Schnee und Eis. Ich sah eine einzelne

Rauchschwalbe vorbeifliegen, als wäre sie zu Hause. Zwischen den Eisbergen jagten viele Indianer Robben.

Auf der Anfahrt hierher schwankte das Schiff stark, und ich war nicht glücklich, aber auch nicht wirklich krank. Am Samstag erreichten wir diese Meerenge bei strahlendem Sonnenschein, und der klare Himmel hielt auch am Sonntag und Montag an. Heute Morgen ist es neblig und diesig. Wir fuhren am Sonntag im hellen, warmen Sonnenschein über blau glitzerndes Wasser achtzig Meilen über die Meerenge. Wie wir es alle genossen! In der Ferne erhoben sich hohe Berge, so weiß wie im tiefsten Winter, daneben eine niedrigere, schneebedeckte Bergkette, und daneben, aus dem Wasser aufragend, eine noch niedrigere Bergkette, dunkel von Fichtenwäldern.

Orca, wo wir Samstagnacht vor Anker gingen, ist eine kleine Ansammlung von Häusern an einem Arm der Meerenge, wo man Lachse fangen kann, und zwar in großer Zahl. In dieser Saison sind dort 200 Männer beschäftigt. Die Lachse schwimmen alle kleinen Flüsse und Bäche hinauf, einige aus unserer Gruppe haben sie mit Gewehren geschossen. Campinggruppen gehen vom Schiff aus hinaus, um Vögel und Pflanzen zu sammeln und Bären zu jagen und bleiben zwei oder drei Nächte. Bisher wurden keine Bären gesehen. Ich bleibe auf dem Schiff. Die Mücken sind an Land sehr zahlreich und außerdem hat mir mein Gesicht ziemlich zu schaffen gemacht, bis am Sonntag die Sonne aufging. Ich muss mal das Lagerleben auf Kadiak Island ausprobieren, wo wir voraussichtlich acht oder zehn Tage bleiben werden. Gestern haben wir viele neue Gletscher und zwei neue Einbuchtungen entdeckt, die auf den größten Karten nicht verzeichnet sind. Wir liegen jetzt vor Anker, um eine Campinggruppe aufzunehmen, die wir am Sonntag verlassen haben. In unserer Nähe liegen zwei Inseln, auf denen zwei Männer Blaufüchse züchten, ihre Felle bringen 20 Dollar ein. Wir haben hier einen Eskimo in seinem Kajak gesehen. Man kann hier an Deck um elf Uhr abends lesen. Wir haben unsere Uhren seit unserer Abreise aus New York um sechs Stunden zurückgestellt. Ich bin jetzt ziemlich wählerisch, was mein Essen angeht, aber bleib gesund. Ich habe letzte Nacht wieder von zu Hause geträumt und dass die Trauben ein Misserfolg waren. Ich hoffe, Träume verlaufen tatsächlich gegensätzlich. Ich nehme an, Sie verschicken die Korinthen. Wir bekommen keine Post. Ich hoffe, diese mit einem Dampfer aus dem Norden schicken zu können, der angeblich fällig ist. Wir haben Vorträge und Konzerte und Spiele und die Leute haben viel Spaß. Ich halte mich die meiste Zeit zurück. Ich hoffe, es geht Ihnen beiden gut. Alles Liebe an Sie beide. JB

Von Kadiak aus schrieb Vater über die „Epidemie des Versschreibens", die unter den Expeditionsteilnehmern ausbrach. Es war Brauch, die Verse im Raucherzimmer aufzuhängen, und sogar deswegen schrieb Vater später einige Knittelverse. Während dieser Expedition schrieb er „Golden Crowned Sparrow in Alaska", insbesondere einen Vers:

Aber du, süßer Sänger der Wildnis,

Ich achte mehr auf dich.

Dein wehmütiger Brief voller Bedauern

Es berührt mich zu einer tieferen Ebene.

wirkt so seltsam erbärmlich und wie viele seiner Stimmungen.

Kadiak, 5. Juli 1999.

MEIN LIEBER JULIAN,

Beim Versuch, letzte Nacht von Bord zu gehen, ist das Schiff auf Grund gelaufen und muss auf die Flut warten. Ich habe deiner Mutter gestern geschrieben. Es ist hell und schön heute Morgen, das Quecksilber liegt bei 21 Grad – es ist heiß. Ich schicke dir einen Jingle. Mehrere der Männer schreiben Knittelverse und hängen sie im Raucherzimmer auf, also mache ich das auch. Meins ist bisher das Beste. Wir werden jetzt bald losfahren, ich hoffe, es geht dir gut. Ich versuche, mir keine Sorgen zu machen.

Bug nach Westen treuen Dampfer

Und zeig dem Osten deine Fersen

Neue Eroberungen liegen vor Ihnen

In den fernen Aleuten-Feldern

Tritt hoch, wenn es hoch sein muss

Aber nicht bei den Mahlzeiten,

Oh, tu das nicht bei den Mahlzeiten.

Dein Schwingen ist anmutig

Aber ich verabscheue Ihre Rollen.

Wir sind auf dem Weg nach Unalaska

Und es ist uns egal, wer quietscht

Aber verbessere dein Tempo ein wenig

Und zeig dem Osten deine Fersen

Aber in deinem Walzer mit dem alten Neptun

Vergessen Sie nicht die Essenszeiten

Vergessen Sie nicht die Essenszeiten

Ich bin sicher, Sie haben keine Ahnung

Wie furchtbar schlecht es sich anfühlt!

Weiter nach Bering

Und eile zu den Robben

Ein Blick auf ihre Harems

Dann nimm die Beine in die Hand

Mehr Dampf für Ihre Kessel

Mehr Kraft für Ihre Räder

Aber im Flirten mit den Wogen

   Oh, betrachte die Stunden der Mahlzeiten

Beachten Sie bitte die Essenszeiten.

Wenn wir hierin anspruchsvoll sind

Bitte denken Sie daran, wie es sich anfühlt.

Wir sind auf dem Weg in arktische Gewässer

Und für die Mitternachtssonne

Dann beschleunige deinen Propeller

Und dein Tempo in einen Lauf

Wir werden das einsame Sibirien berühren

Einen Eisbären mitnehmen

Dann eile durch die Beringstraße

Und kältere Regionen wagen

Doch bei all deinem wilden Herumtollen

   Oh, vergiss unser Gebet nicht

Eine edle Aufgabe liegt vor uns

Und wir werden es tun, bevor wir gehen

Wir durchqueren den Polarkreis

Und nimm das Ding ins Schlepptau

Und bringe es um die Philippinen

Und kühle sie mit Schnee ab.

Unsere Jungs werden unser Kommen begrüßen,

Doch den Feind ergreift ein Schauer.

Und wir werden den Krieg triumphierend beenden

Gehen Sie schnell oder langsam nach Hause.

Kadiak, 2. Juli 1899.

Obwohl dies eine wunderbare Reise war, man könnte sogar sagen, eine ideale Reise, litt er unter Heimweh, Seekrankheit und war, wie er selbst sagt, von der ganzen Gruppe der unwissendste, der unerfahrenste und der schweigsamste. Es war eine neue Erfahrung für ihn, mit einer Menschenmenge zu reisen. Ich weiß, dass er oft vom Jubel der Expedition sprach und davon, wie sie ihn alle ausstießen, wenn sie die Stationen erreichten –

Wer sind wir!

Wer sind wir!

Wir sind die Harriman, Harriman

HAA! HAA!

und „wie die Leute uns anstarrten!", sagte Vater. Er mochte es, diese fröhliche Kameradschaft und den Massengeist, aber es war neu für ihn, fast schmerzhaft neu, und obwohl niemand mehr menschliches Mitgefühl, mehr Zärtlichkeit und Verständnis für menschliche Schwächen und Unzulänglichkeiten hatte, hatte niemand weniger Massengeist. Wie er sagte, blieb er distanziert – nicht aus Distanziertheit, sondern aus Verlegenheit und Schüchternheit. Später überwand er das meiste davon und konnte einer Menschenmenge oder einem Publikum mit Gelassenheit und Sicherheit gegenübertreten. Mit diesem Bild im Kopf fällt mir ein anderes ein, eines von ihm hier in Riverby an Sommertagen, wie er Mais ausschabt, um Maiskuchen zu backen. Mit einem Arm voll grünen Mais, den er gepflückt hatte, sehe ich ihn sitzen und eine von Mutters alten Schürzen unter seinen Bart gesteckt. Er schnitt die Reihen der Körner sorgfältig ab und schabte dann mit der Rückseite eines Messers die Milch des Mais in eine große gelbe Schüssel. Er hielt die weißen Kolben in seinen braunen Händen und schnitt geschickt jede Reihe ab, mit einem Ausdruck von Gelassenheit und Gelassenheit in seinen

Augen. Er konnte auch seinen Anteil an den Kuchen essen, und ich denke gern an diese Sommertage zurück. In jenem Herbst schrieb er aus Slabsides :

30. November 1899

MEIN LIEBER JULIAN,

Ich bin heute Morgen hier und wärme mich auf und bereite das Abendessen vor. Hud und seine Frau und deine Mutter kommen bald. Es gibt eine gebratene Ente und andere Sachen, und ich werde hier das Braten und Backen übernehmen. Ich wünschte, du wärst auch hier. Es ist ein bewölkter Tag, aber ruhig und mild. Mir geht es ziemlich gut und ich arbeite an meiner Alaska-Reise – habe bereits etwa zehntausend Wörter geschrieben. The *Century* hat mir 75 Dollar für zwei Gedichte gezahlt – dreimal so viel wie Milton für „Paradise Lost" bekam. Das dritte Gedicht werde ich in die Prosaskizze einflechten. Die NY *World* hat vor ein paar Wochen einen Mann zu mir geschickt, der mich dazu bringen sollte, sechs- oder siebenhundert Wörter für ihre Sonntagsausgabe zu schreiben. Sie wollten, dass ich über den Thanksgiving-Truthahn schreibe! Sie boten mir 50 Dollar – sie wollten es in zwei Tagen. Natürlich konnte ich das nicht so aus dem Stegreif erledigen. Also kramte ich aus meiner Schublade ein altes Manuskript hervor, das ich abgelehnt hatte, und schickte es. Sie verwendeten es und schickten mir 30 Dollar. Es stand in der Sunday *World* vom 19. November.

Ich habe hier vier Grundstücke für 225 Dollar verkauft. Mit dem Bau eines Hauses wird diesen Herbst begonnen. Wallhead und Millard von P. Wenn ich nicht aufpasse, werde ich mit diesem Ort noch etwas Geld verdienen. Deine Mutter beginnt, es freundlicher zu betrachten . Ein Bildhauer aus New York hat den Felsen hinter der Quelle für 75 Dollar gekauft. Van und Allie sind hier unten dabei, den Sumpf der Italiener auszugraben und zu säubern.

Fotografie ist keine Kunst in dem Sinne, wie Malerei, Musik oder Bildhauerei Kunst sind. Sie ist eher eine mechanische Kunst. Nichts ist Kunst, das nicht die Vorstellungskraft und die künstlerische Wahrnehmung einbezieht. Alle wesentlichen Elemente der Fotografie sind mechanisch – das Urteilsvermögen und die Erfahrung des Menschen sind nur zweitrangig. Ein Foto kann nie wirklich ein Kunstwerk sein. Sie können diese Aussagen in Form eines Syllogismus formulieren.

Ich hoffe, Sie haben Ihre Erkältung überstanden. Gestern früh ist in Hyde Park ein Gebäude abgebrannt. Robert Gill hat sich neulich in New York erschossen – Selbstmord. Wir freuen uns sehr, Sie wiederzusehen.

Dein dich liebender Vater,

JB

Gerade ist eine lange Reihe Enten in Richtung Norden über uns hinweggeflogen.

Der letzte Brief von Slabsides war vom 23. Mai 1900:

MEIN LIEBER JUNGE,

Ich bin hier, umgeben von der Ruhe und Süße von Slabsides . Ich kam Samstagmorgen im Regen hierher. Es ist ein weicher, dunstiger Morgen, die Sonne scheint rot durch eine dünne Schicht nahtloser Wolken. Amasa hackt den Sellerie ein, der gut aussieht, und überall singen und rufen die Vögel. Ich muss heute Nachmittag nach New York zum Abendessen. Ich würde viel lieber hier bleiben, aber ich kann mich einfach nicht davor drücken ... Ich fange an zu fühlen, dass ich wieder mit dem Schreiben anfangen könnte, wenn ich allein wäre. Ich möchte ein *Jugendbegleitstück* mit dem Titel „Babes in the Woods" über einige junge Kaninchen und junge blaue Vögel schreiben. Teddy {Fußnote: Der Sohn von Präsident Roosevelt.} und ich fanden.

Haben Sie an den Rennen teilgenommen? Auf welches Rennen bereiten Sie sich jetzt vor? Das ist ein schlechtes Geschäft. Die Ärzte sagen mir, dass diese Sportler und Rennfahrer fast alle eine Herzvergrößerung haben und jung sterben. Wenn sie die Herzvergrößerung stoppen, wie sie es nach ihrer Collegezeit tun, leiden sie an Fettdegeneration. Wenn wir der Natur etwas aufzwingen, tun wir dies auf eigene Gefahr.

Wenn Sie in Boston sind, gehen Sie zu Houghton Mifflin Co. und sagen Sie ihnen, sie sollen Ihnen mein letztes Buch „The Light of Day" geben und es mir in Rechnung stellen. Es enthält einige gute Texte. Ihr geliebter Vater,

JB

Als ich meinen Abschluss in Harvard machte, war Vater natürlich da und ging zum Baseballspiel und zu anderen Dingen – wir veranstalteten einen kleinen Empfang in meinem Zimmer in Hastings. Eines Tages kam einer der alten Jahrgänge auf den Schulhof und unter ihnen war der neue Vizepräsident, Theodore Roosevelt, und alle jubelten. „Ja", sagte Vater, als wir an diesem hellen Junitag dort standen, „Teddy zieht die Massen mit" – wie wenig wusste er über die Zukunft oder ahnte, dass er eines Tages ein Buch mit dem Titel „Camping und Wandern mit Roosevelt" schreiben würde! Jacob Reid hat gesagt, dass niemand, der Roosevelt wirklich kannte, ihn jemals Teddy nannte, und ich weiß, dass es bei Vater so war. Über seine Reise nach Yellowstone mit dem Präsidenten schrieb Vater:

In South Dakota, 6. April, 19 Uhr

LIEBER JULIAN,

Wir rasen jetzt nordwärts über die Dakota-Prärien. Auf allen Seiten erstreckt sich die ebene, braune Prärie bis zum Horizont. Die Gruppen der Bauernhäuser stehen eine halbe bis eine Meile voneinander entfernt und sehen so einsam aus wie Schiffe auf See. Hier und da Flecken und Streifen von Schnee, der heute Morgen gefallen ist. Ein paar kleine Baumplantagen, aber nichts Grünes; Bauern pflügen und säen Weizen; Strohstapel weit und breit; kilometerweit Maisstoppeln, hier und da ein einsames Schulhaus; die Straßen eine schwarze Linie, die in der Ferne verschwindet, die kleinen Dörfer schäbig und hässlich. Wenn der Zug anhält, um Wasser zu holen, stürmt eine Menge Männer, Frauen und Kinder zum Wagen des Präsidenten. Entweder spricht er ein paar Minuten mit ihnen oder er steigt aus und schüttelt ihnen die Hand. Er kränkt niemanden. Er ist ein echter Demokrat. Er hält etwa ein Dutzend Reden pro Tag, viele davon im Freien. Als sein Freund und Gast bleibe ich in seiner Nähe. Bei den Banketten sitze ich an seinem Tisch; Auf den Bahnsteigen sitze ich nur ein paar Meter entfernt, in den Einfahrten sitze ich im vierten Wagen. Wenn ich zurückbleibe, schickt er nach mir und kommt an manchen Abenden in mein Zimmer, um zu sehen, wie ich den Tag überstanden habe. In St. Paul und Minneapolis waren fünfzigtausend Menschen auf den Bürgersteigen. Als wir langsam durch die massiven Menschenmassen fuhren, sah ich ein großes Banner, das von einigen Schulmädchen mit meinem Namen darauf getragen wurde. Als mein Wagen ankam, drängten sich die Mädchen durch die Menge und überreichten mir eilig einen großen Blumenstrauß. Der Präsident sah ihn und war sehr erfreut... Andere Dinge wie diese sind passiert, also können Sie sehen, dass Ihr Vater in fremden Ländern geehrt wird – mehr als zu Hause... Ich sehe Präriehühner, während wir dahinrasen, und ein paar Enten und eine Herde Gänse... Es ist jetzt fast Sonnenuntergang und ich sehe nur ein ebenes Meer aus braunem Gras mit hier und da einem Gebäude am Rand des Horizonts... Wir sind gut genährt und ich muss aufpassen, sonst esse ich zu viel. Sie können sehen, dass die Welt hier oben rund ist. Ihr liebevoller Vater,

JB

Wie gut kann ich mir Vaters Gesichtsausdruck vorstellen, als er diese Zeile schrieb: „Ihr Vater wird in fremden Ländern mehr geehrt als zu Hause"! Und ich habe vollstes Mitgefühl mit ihm. Es war schon immer so, dass geniale Menschen in ihrem eigenen Zuhause am wenigsten geschätzt wurden. Und doch haben nur wenige Männer die Geduld und Sanftmut, die er hatte; nur wenige waren so umgänglich. Er verlangte wenig für sich selbst und war großzügig mit dem, was ihm gehörte, und großzügig gegenüber den Fehlern oder Unzulänglichkeiten anderer. Ich erinnere mich, wie an einem dieser Tage Anfang März die Schuljungen seine Saftpfannen plünderten und Vater sie jagte und fing, und als er einen Jungen überholte, rief der Junge keuchend aus: „Ich habe Ihren Saft nicht angerührt, Mr. Burris!" und Vater lachte

darüber. „Der kleine Schlingel war damals vorne ganz nass vom Saft!" Vater
erzählte dann die Geschichte von dem Jungen in der Schule, den sein Lehrer
dabei beobachtete, wie er einen Apfel aß. „Ich habe dich damals gesehen",
rief der Lehrer aus. „Hast mich was tun sehen?", sagte der Junge. "Hab
gesehen, wie du in den Apfel gebissen hast." "Ich habe in keinen Apfel
gebissen", antwortete der Junge. "Komm her", und als der Junge zu ihm kam,
öffnete der Lehrer seinen Mund und holte ein großes Stück Apfel heraus.
"Ich wusste nicht, dass es da war", sagte der Junge sofort. Vater musste
immer darüber lachen: Er hatte Mitleid mit dem Jungen. Doch als er in der
Schule unterrichtete , hatte er ein großes Bündel "Gads", wie er sie nannte,
und er versteckte sie im Ofenrohr, wo die Jungen sie nicht fanden. Ich
erinnere mich, wie Mutter sagte, dass ein Junge Vaters Gutmütigkeit zu sehr
ausgenutzt habe, und als Vater dann schließlich wütend wurde , wurde er
wütend und packte den Jungen, der an seinem Schreibtisch hing, und Vater
nahm ihm Schreibtisch und alles und riss den Schreibtisch aus seiner
Bodenbefestigung. Zweifellos bedauerte er später sehr, dass er sich von
seinem Temperament "überwältigen" ließ, wie er es ausdrückte.

Damals gingen wir oft schwimmen, entweder im Fluss oder zum
Schwimmbad in Black Creek. Vater war ein guter Schwimmer, aber er
tauchte nie – er sagte, es kam ihm immer so vor, als ob es dort unten viele
Wassersoldaten mit Speeren gäbe und einer von ihnen aufgespießt würde,
wenn er tauchte. Oft habe ich mich gefragt, wie er damals aussah, als er noch
so stark und aktiv war. Er hatte etwas sehr Natürliches an sich, eine dünne
weiße Haut, die bei einem Kratzer leicht blutete; feines Haar, das gut wuchs
und wellig war; ein feinkörniger, fließender Körper, wie der neue Wuchs von
Farnen oder die neuen Triebe von Weiden; mittelgroße Hände, breit und
braun, mit gekrümmten Fingern vom Melken, als er ein kleiner Junge war;
malerisch gekleidet, alles sanft und in gedämpften Farben . Jemand sagte
einmal, sein literarischer Stil sei schlampig, und Vater sagte, das sei wahr.
„Ich bin schlampig in meiner Kleidung und in allem, was ich tue, also ist
mein Stil zweifellos auch schlampig." Obwohl dies als harte Kritik
erscheinen mag, ist es insofern wahr, als die Natur selbst schlampig ist,
schlampig im Gegensatz zu allem, was steif und künstlich ist. Seine Augen
waren graubraun, hell, mit einem Hauch von Grün. Seine Stimme war sanft,
und wenn er verlegen war , stammelte er; er presste die Worte mit leichtem
Zögern hervor; wenn das Wort dann kam, war es schnell und gezwungen.
Ebenso war es mit seiner lang anhaltenden Geduld, wenn sie einmal
erschöpft war, kam die Wut in vollem Umfang zum Vorschein. Oft war er
derjenige, der litt – öfter, würde ich sagen. Im folgenden Brief erwähnt er
den Knochenbruch in seiner Hand, einen langen und schmerzhaften Bruch,
der ihm monatelanges Leiden bescherte. Eines Tages, als er auf seinem
Holzstapel neben dem Arbeitszimmer Holz hackte, ärgerte ihn ein kleiner
Stock, der nicht still liegen blieb, sondern herumrollte und der Axt auswich,

bis es Vater in seiner Wut gelang, ihn zu treffen. Der Stock flog zurück und brach auf irgendeine Weise den Knochen in seiner rechten Hand, der bis zum Knöchel seines Zeigefingers reicht, den er zum Schreiben benutzte.

Zu Hause, 12. Februar {1907}.

LIEBER JULIAN,

Ihr Brief wurde mir von M. weitergeleitet. Ich bin am frühen Montagmorgen hier angekommen. Am Samstag habe ich meine Zähne bekommen. Ich fühle mich, als hätte ich ein Blechdach im Mund, mit Gesims und allem. Ich weiß nicht, wie ich das jemals ertragen soll, es ist schrecklich ...

Ich habe Ihren Hobo-Artikel zu Dr. Barrus gebracht und sie hat ihn Miss C und mir vorgelesen. Sie waren beide entzückt, ja geradezu begeistert. *Wald und Bach* hat Ihren Artikel zurückgeschickt. Ich lege ihren Brief bei. Ich habe den Artikel gelesen. Er ist nicht annähernd so gut wie Ihre Hobo-Skizze – er hat nicht denselben Glanz, dieselbe Lebendigkeit und denselben Schwung. Sie können ihn besser machen. In einem solchen Bericht müssen Sie Ihren Leser in seinen Bann ziehen, und um dies zu erreichen, müssen Sie mehr ins Detail gehen und selbst tiefer vertieft sein.

Meine Hand ist fast wieder in Ordnung. Drei Ärzte in M waren sich einig, dass ich mir einen Knochen gebrochen habe... Liebe Grüße an euch alle,

JB

Vater interessierte sich immer sehr für die wenigen Zeitschriftenartikel, die ich schrieb, und obwohl er nie ein Manuskript „korrigierte", sagte er, warum es gut oder schlecht war, und wenn es gut war , bereitete es ihm die größte Freude. Als ich einmal einen Artikel mit dem Titel „Hühner zum Legen bringen" schrieb und ihm den Scheck zeigte, den ich dafür erhalten hatte, rief er aus: „ *So* bringt man Hühner zum Legen!" Obwohl er oft sagte, dass die Redakteure, wenn er das schrieb, was er von ihm wollte, sehr bald nicht mehr das wollten, was er schrieb, antwortete er mir, dass Verdis beliebteste Oper auf Bestellung geschrieben wurde, und dass ihm eine ähnliche Anfrage eines Redakteurs einen Hinweis gegeben habe, auf dessen Grundlage er einen seiner besten Essays verfasste. Die Kontroverse, die Vater auslöste und in die sich Präsident Roosevelt einmischte und in die er den Ausdruck „Naturfälscher" prägte, tat Vater sehr gut, da sie seine Gedanken belebte und ihn in vielerlei Hinsicht stimulierte. Er erhielt viele beleidigende Briefe, die ihn nur amüsierten und unterhielten, und alles in allem war es eine höchst interessante Episode. In einem seiner Briefe aus Washington schrieb er: „Beim Carnegie-Dinner traf ich Thompson Seton. Er benahm sich vorbildlich und bat mich, beim Abendessen neben mir zu sitzen. Er hat mein Herz vollkommen gewonnen." Das war am 31. März 1903. Beim Überprüfen der Aussagen der „Naturfälscher" schärfte sich Vaters eigene

Beobachtungsgabe und er wurde aufmerksamer. Und für Artikel, die er zu diesem Thema schrieb, bezahlt zu werden, war eine zusätzliche Quelle des Vergnügens; es war wie Beute, die man dem Feind abgenommen hatte. Ich erinnere mich noch gut an einen Tag auf dem Champlain-Kanal, als wir mittags anhielten und Vater urkomisch sagte: „Wir gehen alle zum Abendessen ins Hotel. Wir machen uns nicht die Mühe, Abendessen zu kochen, wir lassen die Naturfälscher unser Abendessen bezahlen!" Wie jeder andere hatte er seine blinde Seite, Dinge, die er ansah, ohne sie zu sehen, Dinge, die für ihn weder von Interesse noch von Bedeutung waren. Am 1. März 1908 schrieb er: „Der Versprecher im *Outlook*- Brief ärgert mich. Aber jeder kann sehen, dass es ein Schreibfehler war – nichts kann nach Luv driften – die Dinge driften nach Lee. Ich sehe, wie sie mich in der letzten Nummer auslachen."

Eine Beobachtung, die Vater aus erster Hand machte, werde ich nie vergessen. Der Witz ging ganz auf seine Kosten, aber er lachte und sah nur die Natur. Als wir zu einem Angelausflug nach Maine fuhren, mussten wir an einer Kreuzung stundenlang im Wald warten. Während wir warteten, gingen wir zu einem Wasserfall hinunter, wo das braune Wasser eines kleinen Flusses über viele Sandsteinvorsprünge floss. In diesen Sandstein waren viele Schlaglöcher ausgehöhlt, einige davon perfekt und in allen Größen. In einem von der Größe eines Butterfasses steckte ein Saugnapf, ein mickriger Fisch von etwa einem Fuß Länge. Da ihm nichts anderes übrig blieb, zog Vater seinen Mantel aus, krempelte die Ärmel hoch und kniete nieder, um diesen Saugnapf durch das Schlagloch zu jagen und ihn zu fangen. Der Saugnapf drehte sich sehr bedächtig im Kreis, bis genau der richtige Moment kam, als er mit einem plötzlichen Stoß mindestens die Hälfte des Wassers aus dem Teich Vater ins Gesicht schleuderte. Der Saugnapf stürzte mit der Miniaturflut in ein größeres Schlagloch darunter. Vater wurde vom Wasser durchnässt, erstickt, erdrosselt und geblendet, aber als er sich geschüttelt und das Wasser aus Mund und Nase geblasen und sich die Augen gewischt hatte, sagte er: „Wenn das eine Forelle gewesen wäre , wäre er so verunsichert gewesen, dass er gleich hier auf die Felsen gesprungen wäre, aber du siehst, man kann einen Trottel nicht verunsichern!"

Es gab ein Thema, das Vater immer ernst nahm, und das war die Frage seiner Ernährung. In seiner Jugend hatte er nichts von richtiger Ernährung gewusst, und obwohl das gesunde, selbstgemachte Essen auf dem Bauernhof das Beste für ihn gewesen war, was er bekommen konnte, war er als junger Mann äußerst maßlos beim Essen gewesen – „er aß einen ganzen Kuchen auf einmal", sagte er. Er erinnerte sich gern daran, dass ihm der Arzt verordnet hatte, als er die Masern hatte , nichts zu trinken, und als sein Durst unerträglich wurde, stand er auf, zog sich an, kletterte aus dem Schlafzimmerfenster und holte sich Limonade, von der er etwa einen Liter trank – „und ich wurde sofort gesund", fügte er lachend hinzu. Ich schrieb einige Verse über seine Essexperimente und ich wusste nie, ob er sie amüsierte oder verletzte. Er sagte ziemlich nüchtern, und das einzige Mal, dass er sie erwähnte, war: „Ich habe jetzt eine neue Regel, also kannst du deinem Gedicht einen weiteren Vers hinzufügen."

Mutter erkrankte in Georgia, wo sie und Vater den Winter 1915/16 verbrachten, und im März 1917 starb sie hier in West Park. Vater war fortgegangen. Obwohl wir alle wussten, dass sie sich nicht erholen würde, dachten wir alle, sie würde leben, bis er zurückkam, aber das tat sie nicht, und aus Kuba, wo ihn die Nachricht erreichte, schrieb er einen wunderschönen Nachruf. Später, nach seiner Rückkehr, betteten wir sie im Kreise ihrer Familie auf dem kleinen Friedhof in Ton Gore bei, der Stadt, in der Vater vor so vielen Jahren zum ersten Mal als Lehrer tätig war. Er hatte seine Familie und viele seiner Freunde einen nach dem anderen gehen sehen. Ich erinnere mich, als ich ihm von einer Prinzessin erzählte, von der Carlyle sagte, sie habe ihre eigene Generation und die nächste und die nächste überlebt, sagte er: „Wie einsam sie gewesen sein muss!", und viel von dieser Einsamkeit kam in seine Seufzer und Gedanken, als er fühlte, dass er dem Grab näher kam. Als er an seinem Schreibtisch in dem kleinen Arbeitszimmer saß, seine Füße in einen alten Mantel gehüllt, während im Kamin ein offenes Feuer flackerte, wandte sich seine Feder immer mehr der großen Frage zu. Sogar 1901 schrieb er aus Roxbury, als seine Schwester Abigail starb:

Ich bin sehr deprimiert, aber ich darf meiner Trauer nicht nachgeben, denn unsere Brüder- und Schwesternschaft ist seit Wilsons Tod vor 37 Jahren nicht zerbrochen. Wer von uns wird als nächster gehen? Im Herbstwetter, im Herbst unserer Tage, haben wir unsere Schwester neben ihrem Mann begraben.

Im selben Brief sagt er aus eigener Erfahrung:

Ich kann verstehen, dass Sie kein Mitgefühl für die neuen College-Jugendlichen haben. Sie haben eine Lektion des Lebens gelernt, nämlich, dass wir nicht zurückgehen können – unser Leben nicht wiederholen können. Zwischen Ihnen und diesen College- Tagen klafft bereits eine Kluft. Sie gehören der Vergangenheit an. Sie können sich nicht in die Lage der neuen Menschen versetzen. Die Seele verlangt ständig nach neuen Bereichen, neuen Erfahrungen.

1905 schrieb er:

mit dieser geheimnisvollen Intelligenz, die die Natur beherrscht und durchdringt, die sich im Geist des Menschen konzentriert und sammelt und sich ihrer selbst bewusst wird, wenn sie stirbt? Fällt sie wieder in die Natur zurück, wie die Welle in den Ozean zurückfällt, um in anderen Geistern gesammelt und konzentriert zu werden?

Während Mutters letzter Krankheit wurde sie liebevoll von einer alten Freundin der Familie, Dr. Clara Barrus, gepflegt, die dann die Bürde der Pflege ihres Vaters übernahm und dabei nicht nur für seine Gesundheit sorgte, sondern ihm auch bei seiner literarischen Arbeit half.

Am 23. November 1921 verabschiedeten wir uns im Bahnhof von Poughkeepsie. Ich freute mich riesig darauf, ihn im Frühling wiederzusehen. Aber er war sehr traurig, und seine Hand fühlte sich schwach in meiner an. Sein letzter Brief, geschrieben in einer brüchigen, ruckartigen Handschrift, die so anders war als die schnelle, männliche, auf und ab gehende Handschrift vor dreißig Jahren, kam aus Kalifornien, wo er mich drängte, der Partei beizutreten.

So charakteristisch für ihn und seine Liebe zu Hunden und allen häuslichen Dingen ist die Zeile „Kratz Jack wieder für mich." Ich hatte ihm geschrieben, dass ich es kaum erwarten konnte, wieder einmal Rauch aus dem Schornstein seines Arbeitszimmers aufsteigen zu sehen, und dieser einfache Gedanke bereitete ihm viel Freude. Aber es sollte nicht sein.

La Jolla, Kalifornien, 26. Januar 1921

LIEBER JULIAN,

Ihre Briefe kommen pünktlich und sind immer sehr willkommen. Uns geht es allen gut. Eleanor ist wieder da und fährt Auto. Ursie wird dick, sie trinkt nur gefiltertes Wasser, wie wir alle. Ich hatte Anfälle meiner alten Beschwerden, aber eine Dosis Bittersalz jeden Morgen heilt mich schnell davon. Es ist immer noch kalt hier und seit ein oder zwei Wochen regnet es. Shriner malt mein Porträt und hat ein schönes Ding bekommen.

Wir haben für den 25. März einen Rückflug gebucht . Am 3. Februar fahren wir nach Pasadena, unsere Adresse dort ist Sierra Madre. Das ist etwa zehn Kilometer von Pasadena entfernt in Pasadena Glen. Wie sehr wünschte ich, Sie könnten die letzten zwei Monate hier verbringen. Gestern hat Shriner uns auf eine lange Fahrt durch das El Cajon-Tal mitgenommen, und wir haben eine wunderbare landwirtschaftliche Gegend gesehen, die schönste, die ich bisher in Kalifornien gesehen habe, kilometerlange Orangen- und Zitronenplantagen, Weinreben und Rinderfarmen. Seit einer Woche können wir Schnee auf den Bergen sehen, näher als je zuvor. Wir können gerade den Gipfel des alten Baldie sehen, weiß wie immer. Während ich schreibe, fliegt ein großes Flugzeug nach Norden über das Meer.

Ich wünschte, du hättest Taroni oder jemanden bring mir eine Ladung Holz für mein Arbeitszimmerfeuer.

Ich verabschiede mich von La Jolla und Kalifornien. Ich habe nicht vor, jemals wieder dorthin zurückzukehren: Es ist zu weit weg, zu teuer und zu kalt. Ich sehne mich danach, wieder Schnee zu sehen, eine echte Kälte zu spüren und dieser „quälenden" Kälte zu entkommen. Ich hoffe, es geht euch allen gut. Kratzt Jack von mir den Rücken. Liebe Grüße an Emily, Betty und John,

Dein dich liebender Vater,

JB

DAS ENDE